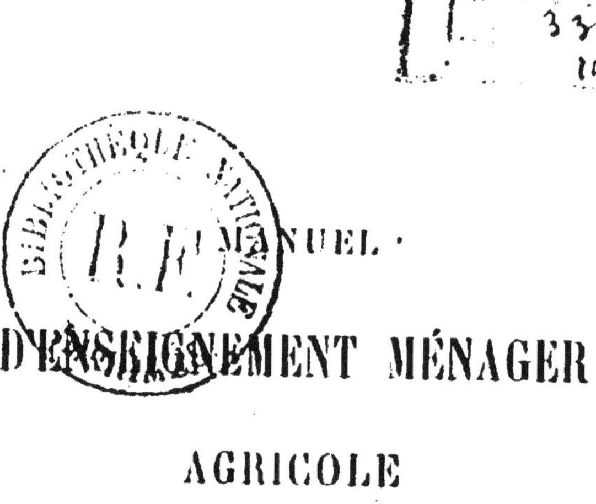

MANUEL
D'ENSEIGNEMENT MÉNAGER
AGRICOLE

Un intérieur vendéen.

MANUEL
D'ENSEIGNEMENT MÉNAGER
AGRICOLE

TOURS
MAISON ALFRED MAME ET FILS
IMPRIMEURS

1918

I

LA FEMME DANS LES CHAMPS

SOL, PLANTES ET CULTURES DIVERSES

On appelle **plante** un être organisé doué de la faculté de se nourrir et de respirer, mais qui est privé du sentiment de son existence et ne peut se mouvoir volontairement.

Les principaux organes de la plante qui lui permettent de croître et d'atteindre son entier développement sont : la racine, la tige et la feuille.

La *racine*, qui plonge dans le sol pour y fixer la plante et y puiser les matières utiles à sa croissance, est formée de deux parties principales : la racine proprement dite, plus ou moins ramifiée suivant les espèces, et les *radicelles* ou *fibrilles*, dont l'ensemble forme ce qu'on appelle le *chevelu*.

Fig. 1. — Plante. La feuille, la tige, la racine.

C'est par ces radicelles, dont les extrémités prennent le nom de *spongioles*, que se fait l'absorption des sucs nutritifs solubles contenus dans le sol.

La *tige* est la partie de la plante qui s'élève de terre et sert de support aux branches, aux feuilles et aux fleurs.

Au centre de la tige se trouve la moelle. Vient ensuite une partie résistante formée de couches ligneuses, puis une enveloppe extérieure qui porte le nom d'*écorce*.

La *feuille* est un organe de couleur verte ordinairement, situé sur la tige ou ses rameaux.

Les feuilles puisent dans l'atmosphère les substances gazeuses et liquides qui peuvent servir à l'accroissement du végétal; elles servent en outre à la transpiration et à l'exhalation des matières devenues inutiles à la végétation, et c'est dans leur tissu que la sève, absorbée par la racine et transmise par la tige, se dépouille de ses sucs aqueux et acquiert toutes ses qualités nutritives.

La *fleur* est constituée par un ensemble de feuilles qui ont subi de plus ou moins grandes modifications. Elle comprend presque toujours un *calice*, une *corolle*, des *étamines* et un *pistil*.

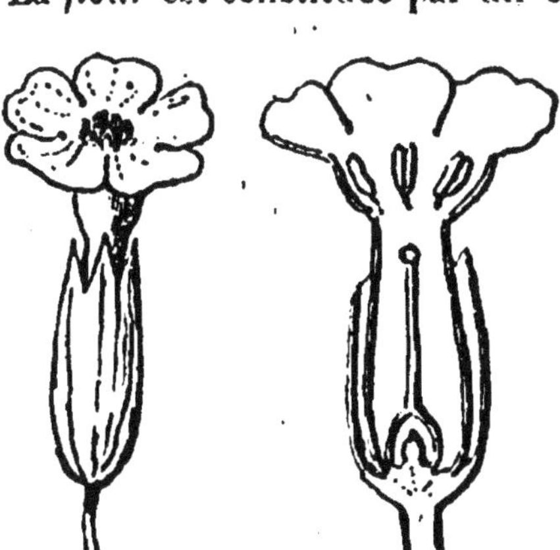

Fig. 2. Type de fleur (primevère).

Fig. 3. Coupe de fleur.

On donne le nom de *calice* à l'enveloppe extérieure des fleurs, formée par les *sépales*.

La *corolle*, dont les divisions alternent généralement avec celles du calice, est la partie de la fleur qui se trouve colorée de teintes plus ou moins vives.

Les *étamines*, dont le nombre est très variable, se présentent sous la forme de petits marteaux dont la tête porte le nom d'*anthère* et renferme le *pollen*.

Le *pistil* se trouve au centre de la fleur.

Les graines sont formées de deux parties essentielles : le *germe* ou *embryon*, à côté du germe un ou deux *cotylédons*, le tout recouvert d'une double membrane protectrice.

Les trois éléments qui suivent sont nécessaires pour la germination de la graine : l'*air*, l'*eau* et la *chaleur*.

Le Sol.

La couche arable ou végétale est la couche superficielle dans laquelle se fixent, vivent et se développent les racines des végétaux.

Au-dessous vient une couche désignée sous le nom de **sous-sol.**

En égard à leur composition et à leurs propriétés, les terres peuvent se diviser en trois grandes classes, savoir : les *terres calcaires*, les terres *non calcaires*, les terres *humifères*.

TERRES CALCAIRES

Ces terres, qui sont caractérisées par la présence de la *pierre à chaux* plus ou moins pure, comprennent :

1° *Les terres franches*, dans lesquelles le calcaire, le sable, l'argile et l'humus sont associés dans de bonnes proportions : ce sont les plus fertiles ;

2° *Les terres argilo-calcaires*, qui renferment une certaine quantité d'argile ;

3° *Les terres crayeuses*, dans lesquelles l'élément calcaire domine ;

4° *Les terres sablo-calcaires*, dans lesquelles le sable est réuni au calcaire.

TERRES DÉPOURVUES DE CALCAIRE

Elles se divisent en :

1° *Terres argilo-siliceuses*, dans lesquelles se trouve une forte proportion d'argile, ce sont les terres fortes ;

2° *Terres silico-argileuses*, qui renferment une plus grande proportion de sable ;

3° *Terres siliceuses*, dans lesquelles l'argile fait plus ou moins défaut.

Les dunes qui bordent la mer sont formées par des sables presque purs.

Les *terres humifères* sont caractérisées par l'abondance de débris organiques. Quand l'humus est mélangé de sable, la terre est dite *de bruyère*.

Le Marais Vendéen est formé en grande partie par une couche de terre franche ou d'alluvion, qui repose sur un sous-sol d'argile compacte dans le Marais qui avoisine Luçon, et sur un sous-sol de sable et de gravier dans le Marais situé à l'ouest de Challans.

Les terres de la Plaine sont argilo-calcaires.

Quant aux terres du Bocage, qui proviennent de la désagrégation des roches de granit ou de schiste sur lesquelles elles reposent, elles sont argilo-siliceuses ou siliceuses.

Instruments et Machines agricoles.

Les principaux instruments en usage dans une exploitation sont, pour la culture du jardin : la *bêche;* la *fourche,* qui est de plus en plus employée en raison de son excellent travail ; le *râteau* et les différentes *houes* à main, indispensables pour les sarclages et les binages.

Pour la culture, les instruments dont il vient d'être question sont remplacés par la *charrue*, qui sert à retourner la terre; par la *herse*, qui en ameublira la surface et servira à enfouir les graines; par un instrument encore trop peu répandu en Vendée, le *scarificateur*, qui a une action supérieure à celle de la herse; enfin le *rouleau*, qu'on emploie pour tasser le sol et écraser les mottes.

Comme instruments de récoltes, nous citerons la *faux*, la *fourche* et le *râteau;* la *faux*, montée spécialement pour le fauchage des blés, et qui a remplacé presque partout la faucille ou le volant; le *tarare*, qui sert au nettoyage des grains; enfin le *trieur*, qui opère le classement de ces derniers d'après leur forme et leur grosseur, et les débarrasse des impuretés qu'ils renferment.

Depuis quelques années, l'outillage dont il vient d'être question est complété, dans bon nombre de fermes, par une *faucheuse-moissonneuse.*

La *machine à battre*, chargée de l'égrenage et du premier nettoyage des grains, est presque toujours fournie par un entrepreneur de battages.

Engrais.

On appelle **engrais** toute matière destinée à fertiliser le sol et à servir de nourriture aux plantes.

Par **amendement**, on entend une matière incorporée au sol pour en modifier la composition physique, pour le rendre, par exemple, plus léger s'il est trop compact.

Les engrais les plus employés en Vendée sont : en premier lieu, le *fumier* propement dit, qui est constitué par les litières et les déjections solides et liquides des animaux.

Pour conserver toute sa qualité, le fumier, à mesure

qu'il est enlevé des étables, doit être disposé en couches régulières, sur une plate-forme soigneusement établie et placée de telle manière que, dans aucun cas, elle ne puisse être lavée par les eaux.

Trop souvent, c'est le contraire qui se présente, et la culture perd, de ce chef, une masse de principes fertilisants.

L'alimentation des animaux a une importance très grande sur la composition des fumiers. Des animaux bien nourris donneront toujours un fumier plus riche.

Pendant longtemps le *noir*, dont les raffineries de la ville de Nantes fournissaient de grandes quantités, a été le seul engrais phosphaté employé dans la contrée.

Aujourd'hui il y a avantage à demander l'*acide phosphorique*, dont nos terres vendéennes ont un réel besoin, aux *phosphates*, aux *scories de déphosphoration* et aux *superphosphates*.

Le *nitrate de soude* est un sel plus ou moins blanc, importé du Chili, et dont l'action est excessivement rapide. Il est employé, au printemps, sur les blés qui ont souffert pendant l'hiver ou qui n'ont pas été suffisamment fumés, à la dose moyenne de 100 kilog. par hectare.

Céréales.

On comprend, sous le nom de **céréales**, le *blé*, ou *froment*, le *seigle*, l'*avoine*, l'*orge*, le *mil* ou *millet*, le *sarrasin*, plantes qui, à l'exception de cette dernière, appartiennent à la famille des graminées. Elles fournissent un grain alimentaire pour les hommes et pour les animaux de la ferme.

Le *blé* est la plus importante de nos céréales.

Les variétés les plus répandues dans notre région sont : le *blé jaunet*, qui autrefois était le plus cultivé et est maintenant un peu mis de côté à cause de son faible rendement; le *blé rouge de Bordeaux;* le *blé Japhet;* et le *blé le Bon Fermier.*

Le blé est sujet à la carie, maladie occasionnée par un

Fig. 4. — Blé.

Fig. 5. — Avoine.

champignon : c'est pour la prévenir qu'on sulfate ou que l'on chaule les semences.

Vient ensuite l'*avoine,* dont la variété d'hiver est surtout cultivée dans le Bocage; puis l'*orge,* qui comprend également deux variétés, l'*orge d'hiver* et l'*orge de printemps :* cette dernière est surtout connue sous le nom de *baillarge.*

La culture du *seigle* est de plus en plus réduite. Il en est de même du *sarrasin*, plante de la famille des polygonées, dont le grain est précieux pour la nourriture des volailles.

Le *mil* ou *millet* est l'objet d'une culture assez suivie, sur certains points du Bocage.

Légumes farineux.

Deux plantes de la famille des légumineuses fournissent également des grains utilisés pour la nourriture de l'homme : ce sont le *haricot* et les *féveroles*.

Le **haricot** comprend de nombreuses variétés ; mais une seule est surtout employée dans la culture, celle connue dans tout l'Ouest sous le nom de *mojette*, dont le grain entre pour une notable part dans la nourriture de chaque famille.

Fig. 6. — Haricot.

Fig. 7. — Féverole.

Les **féveroles** ne sont guère cultivées dans les champs que dans la partie du Marais.

Parmi les plantes de cette même famille qui ont leur place dans la ferme comme fourrages et y rendent de grands services, se trouvent la *vesce*, désignée dans le pays sous le nom de *jarosse*, et la *gesse*.

Plantes racines.

LA POMME DE TERRE

La pomme de terre est une plante alimentaire, fourragère et industrielle, et qu'on cultive pour ses tubercules.

Les variétés qui conviennent le mieux dans les champs sont : la *Rose hâtive*, ou *Early rose*, la pomme de terre *Institut de Beauvais*, la *Magnum Bonum* et l'*Imperator*.

Fig. 8. — Plant de pommes de terre.

Les pommes de terre se plantent à quarante centimètres les unes des autres sur la ligne, et les lignes sont espacées de quatre-vingt à quatre-vingt-dix centimètres.

Deux binages suffisent ordinairement pour détruire les mauvaises herbes, puis on procède à un buttage.

L'arrachage des tubercules se fait en automne.

LA BETTERAVE

La betterave est une plante à racine charnue, de forme généralement allongée, dont la culture est très recommandée. Elle constitue une excellente nourriture pour les animaux pendant l'hiver.

Les meilleures variétés fourragères sont : la *betterave ovoïde des Barres* et les *betteraves demi-sucrière*, qui viennent moins grosses que beaucoup d'anciennes variétés, mais contiennent moins d'eau et sont par suite plus nourrissantes.

Les betteraves semées sur place exigeant des façons assez minutieuses, il est d'usage en Vendée de faire des semis en pépinière, semis qui ont lieu dans les premiers jours de mars, et d'effectuer la transplantation dans le courant de juin. Si le terrain a reçu les façons nécessaires, la reprise du jeune plant est relativement facile.

Grâce à l'époque tardive à laquelle se fait la plantation, les soins à donner se bornent à quelques binages.

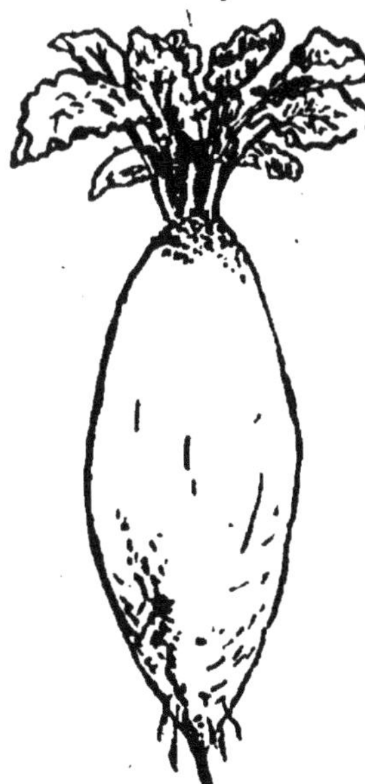

Fig. 9.
Betterave fourragère.

Les betteraves se conservent bien en silos; elles s'y maintiennent plus fraîches que lorsqu'elles sont rentrées dans des granges, caves ou autres bâtiments.

LA CAROTTE

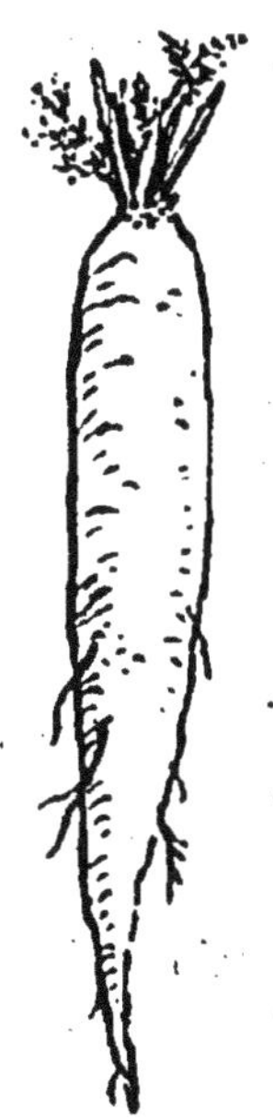

Fig. 10.
Carotte fourragère.

La carotte se sème toujours sur place, et, en raison du développement très lent de cette plante au début, les premiers sarclages doivent être exécutés avec le plus grand soin. On sème en avril ou mai, en ligne, dans un sol bien préparé, et la récolte se fait dans les premiers jours de novembre.

La seule variété fourragère est la *carotte à collet vert*, qui constitue une excellente nourriture pour les animaux.

LE CHOU-NAVET

Le chou-navet, improprement désigné dans toute la région de l'Ouest sous le nom de *chou-rave*, vulgairement *chou-rèbe*, appelé aussi *rutabaga* dans la culture, diffère du véritable chou-rave, quelquefois cultivé dans les jardins, en ce que la tige, au lieu de se renfler au-dessus du sol, se développe au contraire dans sa partie en terre et peut atteindre un gros volume.

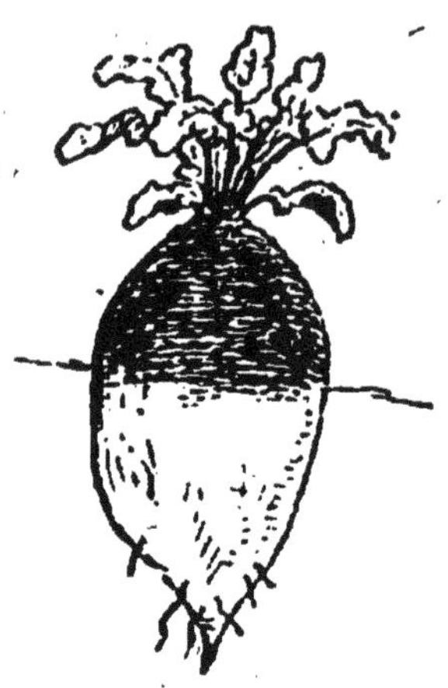

Fig. 11. — Chou-navet (rutabaga).

La culture du *chou-navet* se fait sur une grande échelle dans une partie du Bocage vendéen et fournit une excellente nourriture.

Au début de la végétation, le chou-navet ou rutabaga se développe lentement; mais, après la plantation ou l'éclaircissage des semis sur place, l'accroissement est rapide.

Fig. 12. — Navet-rave.

LES NAVETS

Les navets ou raves, dont les semis en culture n'ont lieu qu'à la fin de juillet, constituent une précieuse ressource pour le cultivateur, quand, faute de plants ou par suite d'une sécheresse exceptionnelle, l'étendue réservée aux choux fourragers a été fortement réduite.

Les semis ont toujours lieu sur place et se font généralement à la volée.

Les principales variétés sont : le *navet long d'Alsace*, le *navet de Norfolk*, la *rave limousine* et le *navet boule d'or*. Ce dernier est facilement comestible.

Fig. 13. — Topinambour.

LE TOPINAMBOUR

Le **topinambour**, dont la culture s'étend de plus en plus, fournit des tubercules de couleur rougeâtre ou d'un blanc rosé, qui constituent une excellente nourriture pour le bétail. Il se cultive comme la pomme de terre et donne de grands rendements dans un sol bien préparé et abondamment fumé.

Les tubercules sont malheureusement un peu irréguliers comme forme, et, dans les terres fortes, il est nécessaire de les laver avant de les donner aux animaux.

Le topinambour ne craignant pas les plus fortes gelées, l'arrachage des tubercules a lieu au fur et à mesure des besoins.

Prairies et pâtures.

Les **prairies artificielles** sont formées généralement de plantes appartenant à la famille des légumineuses, telles que la *luzerne*, le *sainfoin*, le *trèfle* et la *lupuline*.

La *luzerne* est une plante à racine pivotante, qui

exige un sol profond et de bonne qualité; l'humidité lui est défavorable, et elle se plait surtout dans des terres un peu calcaires.

Elle se sème le plus souvent dans une céréale au printemps.

Les animaux qui la consomment à l'état vert sont exposés à l'accident connu sous le nom de météorisation. Il est

Fig. 14. — Luzerne.

Fig. 15. — Sainfoin.

prudent de la mélanger, au début, avec du foin ou de la paille.

Le *sainfoin* se cultive comme la luzerne; mais il ne vient que dans les terres riches en calcaire. C'est la plante par excellence des terres calcaires un peu maigres et sans profondeur.

Le *trèfle violet*, appelé encore *trèfle de Hollande*, est beaucoup moins exigeant que la luzerne, et comme généralement on ne le conserve qu'une année, il donne de très bons produits dans toutes les terres moyennes, partout où le sol n'est ni trop acide ni trop humide.

Le trèfle violet se sème dans une céréale au printemps.

Fig. 16. Trèfle violet.

Le *trèfle blanc* est presque toujours semé en mélange; il convient surtout pour le pâturage.

Il en est de même pour la *lupuline,* plante qui s'associe souvent avec le trèfle blanc.

Le *trèfle incarnat* ou *farouche* se sème ordinairement en août, pour se récolter au printemps suivant; aussi comme il occupe très peu de temps le sol, on le place presque toujours entre deux cultures principales, entre le blé et une culture fourragère. Il réussit bien dans les terres granitiques et schisteuses un peu saines, mais vient mal dans les sols acides et humides.

Fig. 17. Trèfle incarnat.

On désigne sous le nom de *prairies* toutes surfaces gazonnées produisant de *l'herbe,* cette herbe composée en grande partie de plantes de la famille des graminées.

Elles se divisent en prairies permanentes et en prairies temporaires, suivant que, par suite de conditions spéciales, elles peuvent se maintenir par elles-mêmes ou qu'elles demandent à être reconstituées de loin en loin.

Les prairies ont une importance capitale dans toute exploitation. C'est en effet la récolte qu'elles sont appelées à produire qui, chaque année, doit former le fond de la réserve d'hiver, et cette réserve ne sera jamais trop considérable.

Plantes fourragères diverses.

Les **plantes fourragères** les plus répandues dans la culture sont :

Le *seigle*, qui, semé en septembre, se coupe en vert dès le mois d'avril qui suit :

Les *vesces* ou *jarosse*, la *gesse*, deux plantes de la famille des légumineuses, qui se sèment en octobre, et le *maïs* fourrage.

Fig. 18. — Maïs.

Les premiers semis de maïs fourrage se font fin d'avril et se continuent successivement, avec des intervalles de quinze jours, trois semaines, jusqu'à la fin de juillet.

Les meilleures variétés sont le *maïs des Landes* et le *maïs de Ruffec*.

Choux fourragers.

Les **choux fourragers** jouent, comme on le sait, un grand rôle dans l'alimentation de nos animaux, et dans chaque ferme une certaine étendue relativement importante leur est consacrée. Les semis se font toujours en pépinière, au commencement du mois de mars, et le meilleur moment pour la transplantation va du 15 juin au 10 juillet. Lorsque le terrain a reçu les soins de préparation nécessaires et est suffisamment meuble, la reprise est, pour ainsi dire, assurée, sauf lorsqu'un soleil trop ardent vient brûler l'œil toujours un peu tendre du jeune plant.

Fig. 19. — Chou moellier.

Les variétés les plus cultivées sont : le *chou branchu* ou *chou du Poitou*, très ramifié, dont les feuilles sont larges et très développées; le *chou moellier*, qui se distingue par un fort renflement de sa tige, contenant une moelle abondante. Ce serait le chou le plus recommandable, s'il pouvait résister partout aux gelées qui sévissent en hiver. On a obtenu quelques sous-variétés dites *demi-moellier*, qui résistent mieux au froid.

Plantes industrielles.

La seule plante industrielle cultivée actuellement en Vendée est une plante textile : le **lin**, qui comprend deux variétés : le *lin d'hiver* et le *lin de printemps*, et auquel il est d'usage, dans chaque exploitation, de consacrer quelques ares de terre.

Sa récolte est rarement vendue; elle est abandonnée tout entière à la fermière pour les besoins du ménage.

Après le battage de la graine, les tiges sont soumises au rouissage et au teillage; puis vient le peignage qui a pour but d'enlever complètement les débris de chènevottes laissés par la première opération.

II

LA FEMME AUPRÈS DES ANIMAUX

ALIMENTATION, ÉLEVAGE, LAITERIE ET BASSE-COUR

Considérations générales.

Les animaux qui peuplent nos exploitations se divisent en deux groupes :

1° Ceux qui reçoivent presque exclusivement les soins de l'homme et constituent le cheptel proprement dit de l'exploitation ;

2° Ceux qui relèvent principalement de la fermière et forment ce qu'on appelle les animaux de la basse-cour, en tête desquels vient le *porc*, dont la viande entre pour une large part dans la consommation du ménage.

Le nombre des animaux entretenus dans une exploitation doit toujours être en rapport avec les ressources fourragères dont on dispose. Ce n'est qu'à cette condition, en effet, qu'ils seront suffisamment nourris, qu'ils donneront au cultivateur le bénéfice qu'il est en droit d'espérer, tout en lui fournissant l'engrais qui lui est nécessaire pour ses cultures.

La question de l'alimentation joue donc un rôle prépondérant dans la production des animaux.

Elle peut être envisagée de différentes façons, selon le produit qu'on veut obtenir; mais elle comprend toujours les trois principales divisions qui suivent : le *sevrage*, l'alimentation d'*entretien* dans certains cas, et l'alimentation de *production*.

Le sevrage est une des opérations les plus délicates de l'élevage. Quand il est *normal*, c'est-à-dire qu'il s'opère de lui-même, le jeune animal se faisant peu à peu à la nourriture qu'il trouve et dont il prendra une part de plus en plus grande, à mesure que le lait fourni par la mère diminue, il peut être considéré comme parfait. Mais les choses se passent rarement ainsi, surtout quand il s'agit, par exemple, de vaches dont la ménagère convoite le lait.

Presque toujours, sauf pour des bêtes de choix, il y a lieu d'opérer un sevrage prématuré, et l'alimentation défectueuse à laquelle sont soumis à ce moment-là les jeunes animaux est la cause la plus fréquente de la dégénérescence d'une race.

Plus un animal a été bien nourri dans le jeune âge, plus il sera apte à profiter de la nourriture qui lui sera donnée plus tard, et plus il donnera de bénéfice à son éleveur.

Rationner un animal, c'est lui distribuer en quantité voulue, chaque jour, la quantité d'aliments qu'on juge nécessaire pour sa santé et pour assurer en même temps le succès de la spéculation entreprise.

La *ration d'entretien*, qui a pour but de mettre à la disposition de l'animal exactement ce qui lui est nécessaire pour réparer les pertes qu'il fait, sans lui demander d'autres produits que ses déjections, ne doit être appliquée que très rarement. Dans la pratique, elle cède la place à des *rations de production* combinées avec les aliments les plus économiques dont on dispose, mais donnés en quantité suffisante.

Les rations de production varient à l'infini, suivant ce qu'on se propose d'obtenir : de la viande en mettant l'animal à l'engrais, du lait ou du travail.

Les aliments peuvent se diviser en deux catégories spéciales : ceux qui sont nourrissants sous un petit volume et constituent ce qu'on appelle les *aliments concentrés ;* ceux qui sont peu nourrissants sous un grand volume et sont désignés sous le nom d'*aliments relativement pauvres.* Ces derniers sont indispensables. En effet, la digestion ne s'opère bien que lorsque l'estomac est un peu rempli et que les matières pesant sur les parois en font exprimer le suc gastrique.

Les *tourteaux*, les *grains*, la *viande* constituent ce qu'on appelle des aliments riches et concentrés; la *paille*, les *racines*, les *choux* forment les aliments pauvres.

C'est en mélangeant dans une proportion convenable ces différents aliments qu'on obtient les meilleurs résultats.

L'*hygiène*, c'est-à-dire l'ensemble des précautions qu'on doit prendre en vue de la santé, n'est pas moins indispensable pour les animaux que pour l'homme. Un animal malade est forcément une cause de perte, car il consomme et ne peut rien produire, puis il diminue de valeur et peut mourir.

Les principales précautions à prendre sont de loger proprement les animaux, de ne point les surmener, de ne pas les laisser dans des courants d'air, surtout quand ils sont en sueur, et de leur donner une nourriture suffisante, appropriée à leur nature, à leur âge et aux services qu'on attend d'eux.

L'*eau* joue un grand rôle dans l'alimentation des animaux. On sait, en effet, que l'eau des boissons sert la plupart du temps de véhicule aux maladies que contractent les animaux. Il est donc absolument nécessaire d'éviter, autant que possible, la contamination des eaux d'abreuvoir par le purin de la fosse ou des étables.

Il ne faut pas conclure cependant de cela qu'on ne doit donner aux animaux que de l'eau pure et fraîche. Dans bien des cas, l'eau pure a semblé réussir moins bien que l'eau trouble des mares, qui se trouve plus aérée et moins froide.

Animaux de l'espèce bovine.

Presque tous les animaux qui peuplaient nos étables, il y a quelques années, appartenaient comme origine à la race parthenaise, très répandue dans tout le Poitou, et qui s'est subdivisée en nombreuses variétés ayant chacune leur caractère spécial, suivant la nature du terrain qu'elles occupent et le mode d'alimentation auquel elles ont été soumises.

Ces différences existent même en Vendée, où les bêtes élevées dans la plaine ont moins de finesse que celles nourries dans le Bocage, et sont supérieures au point de vue de la conformation à la variété dite maraichine, qui vit un peu à l'état de nature sur les marais desséchés qui s'étendent entre Luçon et la mer.

Sur le marais qui se trouve à l'ouest de Challans, la vieille race locale a, pour ainsi dire, disparu, à la suite de croisements entrepris sans beaucoup de méthode avec le Normand et des animaux de sang Durham.

Par suite des progrès réalisés dans la culture et de la transformation qui s'est faite dans le commerce de la boucherie, les éleveurs ont été amenés peu à peu à donner la préférence à des animaux plus précoces; aussi la situation présente a-t-elle tendance à se modifier de plus en plus. Sur les limites de la Loire-Inférieure, du Maine-et-Loire et d'une partie des Deux-Sèvres, les croisements Durham, plus connus sous le nom de *manceaux*, gagnent peu à peu du terrain, pendant que la race charolaise-nivernaise compte de nombreux partisans au centre du département, et que, d'un autre côté, les beurreries coopératives, qui se sont créées avec succès sur certains points, ont intérêt à s'entourer de vaches laitières, et font les sacrifices nécessaires pour cela.

A moins qu'il ne s'agisse de très petites exploitations, la femme chargée du ménage et ses aides ont rarement l'occasion de s'occuper directement des animaux entretenus dans les étables, sauf pour la traite, opération très délicate par elle-même et qui donne lieu souvent à des abus.

Il est du devoir de la ménagère sérieuse de se rappeler que, dans un pays où l'élevage est la principale spéculation, toute privation imposée aux jeunes veaux, dans les premiers mois de leur existence et au cours du sevrage, aura les plus fâcheuses conséquences pour leur avenir, et que le bénéfice réalisé de ce fait sera loin de compenser la perte subie.

La bonne vache laitière doit présenter les caractères suivants : tout en étant bien conformée, elle est construite un peu en coin, c'est-à-dire que son devant doit avoir moins d'importance que son arrière-train; les yeux seront grands et très doux, la peau souple et bien détachée, les mamelles volumineuses; les trayons, ni trop grands ni trop petits, seront également distants les uns des autres.

Une vache bonne beurrière aura presque toujours sous les poils, à l'extrémité de la queue et à la naissance des cornes, une peau d'une coloration franchement jaune.

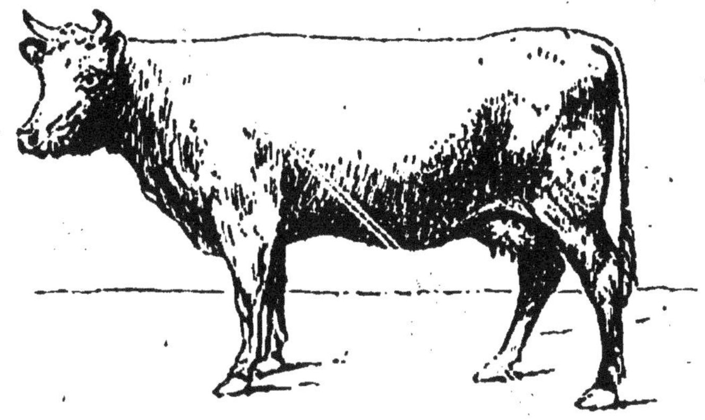

Fig. 1. — Vache laitière.

La traite se pratique en se plaçant au côté droit de la vache, et en saisissant le trayon assez haut pour comprimer une portion de la glande du pis, en pressant progressivement de haut jusqu'en bas.

Une vache sera d'autant plus facile à traire que l'on aura pris plus de précaution, lors de la naissance de son premier veau, pour l'habituer à subir cette opération.

D'une manière générale la vache de race vendéenne ne donne pas une très grande quantité de lait; mais ce lait est d'excellente qualité.

L'abondance du lait dépend non seulement des aptitudes naturelles des vaches, mais aussi de la nourriture qu'elles reçoivent, ainsi que des soins dont elles sont l'objet au point de vue de la propreté.

Le lait.

Le lait est, parmi les produits de la ferme, celui qui, dans notre région de l'Ouest, joue le rôle le plus important dans le ménage, en raison de sa valeur et des nombreuses façons dont on peut l'utiliser.

Il renferme une grande partie d'eau ou *sérum*, tenant en suspension et en dissolution des matières diverses : des globules gras ou *crème*, de la *caséine* qui constitue le *fromage*, du *sucre de lait* ou *lactose*, et des sels minéraux comme le *phosphate de chaux*.

Matière grasse. — Cette matière se trouve en suspension dans le lait, sous forme d'une multitude de petits globules graisseux répartis dans toute la masse au moment de la traite, et qui, plus légers que les autres éléments, ont une tendance à remonter à la surface.

Quand on abandonne le lait au repos, ces globules s'y réunissent et forment une couche plus ou moins jaunâtre, qui constitue la *crème*.

La *caséine* existe dans le lait, partie en suspension, partie en dissolution. La propriété dont elle jouit de se coaguler en présence des acides est la base de la fabrication du fromage. Si, par l'intermédiaire de la présure, cette coagulation a lieu dans le lait frais, la caséine, emprisonnant les globules de graisse, fournit un *fromage gras;* si l'on opère sur un lait écrémé, on obtient du *fromage maigre*.

Quand cette coagulation est accidentelle et provient d'une altération du lait, on dit que le lait *a tourné*.

C'est à la présence de la caséine que le lait doit d'être considéré comme un aliment complet, les autres substances donnant surtout du goût plutôt qu'un apport nutritif sérieux.

Le *sucre de lait* ou *lactose*, qui est toujours en dissolution dans l'eau ou *sérum*, se comporte comme toutes les matières sucrées, c'est-à-dire que, sous l'influence d'une certaine température, il se transforme en acide lactique, d'où la nécessité de l'éliminer avec soin de tous les produits du lait. C'est la présence de cet acide qui donne un goût particulier à certains beurres qui n'ont pas été suffisamment délaités.

Au moment de la naissance du veau, pendant une huitaine de jours, le lait de la mère contient un liquide jaunâtre, légèrement purgatif, qui est nécessaire au nouveau-né. Ce lait mélangé à d'autre lui donne mauvais goût. On doit éviter de s'en servir.

Il en sera de même quand, par suite d'une maladie ou d'une vaccination, la vache présentera des symptômes de fièvre.

Ce lait sera rejeté ou du moins devra être donné aux porcs, après avoir pris la précaution de le faire bouillir.

Aussitôt après la traite, on se hâtera de transporter le lait hors de l'étable, pour qu'il n'en prenne pas les odeurs, et on le débarrassera sans tarder des impuretés : poils de vache, poussière, moucherons, etc., qui auront pu le souiller, en le passant dans une passoire métallique maintenue toujours très propre.

Tous les récipients conviennent pour contenir le lait, à condition que la matière dont ils sont formés ne puisse être attaquée par l'acide du lait et que le nettoyage en soit facile.

Ce nettoyage doit toujours se faire à l'eau bouillante.

DIVERS EMPLOIS DU LAIT

Le **lait** peut être vendu ou utilisé dans la ferme comme lait en nature, sous forme de *beurre* ou sous forme de *fromage*.

La vente du lait n'est avantageuse que si on se trouve dans le voisinage d'un centre un peu important.

Les ustensiles à employer dans ce cas sont très simples. Il suffit de quelques seaux à traire, d'un tamis ou d'une passoire et de quelques bidons en fer-blanc.

En été, le lait s'altère assez vite par suite de la transformation du sucre de lait en acide lactique, et deux moyens sont employés pour en assurer la conservation : le refroidissement du lait en maintenant les vases qui le contiennent dans un courant d'eau froide, ou en le soumettant à une température suffisante pour paralyser l'action de certains ferments.

Cette température ne doit pas dépasser 72 degrés. A cet effet, on fait bouillir de l'eau dans laquelle on immerge les pots contenant le lait.

Ce second procédé assure une conservation beaucoup plus longue.

Fabrication du beurre.

Le **beurre** est constitué par une matière grasse que renferme la crème.

On arrive très bien à l'isoler en barattant le lait tout entier; mais le travail est long et pénible, et, au point de vue du rendement, le procédé n'est pas à recommander.

La fabrication du beurre comprend, en somme, trois opérations : l'*écrémage*, le *barattage* et le *délaitage*.

Écrémage. — L'écrémage est une opération qui a pour but de séparer la crème du lait.

Il y a pour cela deux procédés : l'écrémage ordinaire, à l'aide de jattes ou terrines de forme spéciale, larges et peu profondes, dans lesquelles la crème plus légère monte à la surface pendant que le lait plus dense reste au fond, et l'écrémage beaucoup plus parfait, qu'on obtient avec une écrémeuse.

On supposait autrefois que la température la plus favorable à la séparation de la crème était celle de 12 degrés centigrades ; mais des expériences ont prouvé que l'écrémage se fait avec d'autant plus de facilité, que la température se rapproche de 2 à 3 degrés au-dessus de zéro.

Cette théorie est la condamnation du double procédé employé jusqu'à ces derniers temps, dans une grande partie de la Vendée, qui consistait à n'enlever la crème, en été, qu'après la formation du caillé, c'est-à-dire lorsque, sous l'influence de la chaleur, l'acide lactique avait déterminé la coagulation de la caséine, et à placer, le reste de l'année, les terrines sur le feu, pour obtenir une crème épaisse connue sous le nom de *crème chauffée.*

Cette dernière méthode exigeait des soins constants, et c'est certainement à la gêne qui en résultait pour la ménagère, que les écrémeuses doivent de s'être répandues très vite dans la région.

Il existe de nombreux modèles d'écrémeuses centrifuges; mais tous sont basés sur le même principe : l'introduction du lait dans un bol ou cylindre dans lequel, grâce à un mouvement de rotation extrêmement rapide, la force centrifuge se substitue à la pesanteur pour effectuer la séparation du lait et de la crème. Le lait, qui est la partie la plus lourde, est projeté contre la paroi, recueilli dans un conduit spécial : c'est le lait écrémé; la partie la plus légère, c'est-à-dire la crème, reste au contraire presque au centre, où elle s'échappe par un petit conduit.

Avec une écrémeuse sérieusement construite et bien réglée, on arrive à extraire presque toute la crème du lait.

Pour faciliter l'écrémage, le lait doit être réchauffé à 25 ou 30 degrés avant d'être versé dans l'appareil. On a donc avantage à l'y introduire aussitôt la traite.

Le lait écrémé est très doux et peut entrer avantageusement dans l'alimentation de l'homme et des animaux.

Une écrémeuse exige de grands soins de propreté; elle demande à être démontée après chaque opération, et les pièces qui la composent devront toujours être soigneusement lavées à l'eau bouillante.

Une fois lavées et essuyées, ces pièces seront réunies dans une corbeille placée à l'abri de la poussière, où elles resteront jusqu'au moment où l'écrémeuse sera de nouveau utilisée.

Pour le remontage, on devra se conformer exactement aux instructions données par le constructeur.

Barattage. — Le *barattage* est une opération qui a pour objet l'agglomération des globules butyreux de la crème.

Cette crème fera de meilleur beurre si elle n'est pas tout à fait fraîche, si, par exemple, elle est restée exposée à l'air pendant environ douze heures, de manière à subir dans une certaine mesure l'action des ferments; mais il ne doit pas y avoir excès.

Il vaut mieux faire le beurre plus souvent, quitte à conserver les mottes au frais, que de baratter de vieilles crèmes.

Si on veut faire le travail facilement, il faut avoir soin d'amener la crème à la température de 13 à 14 degrés. Au-dessous de cette température, les globules butyreux se soudent difficilement. Si, au contraire, la température est plus élevée, ils s'allongent, adhèrent à la baratte et ne se réunissent que très lentement.

La formation du beurre s'annonce par un changement de son, à l'intérieur de la baratte, et l'opération est terminée dès que les globules sont agglomérés, bien que le beurre ne soit pas pris en masse. A ce moment-là on vide le petit lait, puis on verse de l'eau froide dans la baratte, sur le beurre, et on tourne doucement. Cette eau est enlevée, puis remplacée par de l'eau froide, aussi pure que possible.

Cette opération a pour but de donner plus de fermeté au beurre et de le débarrasser, en même temps, de tout le petit-lait dans lequel il a baigné.

Ce serait un tort de pousser le barattage trop loin; car, le petit-lait se trouvant emprisonné dans le beurre, le délaitage se fera mal.

Lorsque l'eau sort aussi limpide qu'à son entrée dans la baratte, on enlève les morceaux de beurre au moyen de palettes en bois, en les plaçant sur une table où aura lieu le délaitage.

Il y a une grande quantité de modèles de barattes, et presque toutes sont bonnes. Deux conditions sont cependant à exiger : c'est que d'abord elles ne demandent pas un trop grand effort, puis qu'elles soient faciles à nettoyer.

Comme il est nécessaire que la crème soit battue et non pas seulement remuée, la baratte ne devra être remplie que jusqu'à la moitié.

Les précautions qui viennent d'être recommandées pour

la préparation du beurre à l'aide d'une baratte spéciale, s'appliquent également au mode encore en usage dans un grand nombre de ménages, qui consiste à placer la crème dans une jatte en bois et à lui imprimer un mouvement de rotation à l'aide d'une cuiller également en bois.

Délaitage. — *Délaiter* le beurre, c'est le débarrasser du petit-lait que des lavages faits dans la baratte n'ont pas réussi à enlever, et des matières azotées, caséine et autres, avec lesquelles il est mélangé.

D'un bon délaitage dépend, en effet, la conservation du beurre.

Pour cela il faut pétrir le beurre au moyen d'une spatule ou simplement d'une cuiller en bois, en le pressant le plus possible pour en expulser le liquide qu'il peut contenir.

Le délaitage à la spatule est insuffisant pour assurer une longue conservation du beurre; il faut lui préférer le délaitage à l'aide du cylindre cannelé, appareil très simple dont on se sert dans toutes les beurreries.

CONSERVATION DU BEURRE

Le beurre s'altère promptement; aussi on ne peut guère le conserver plus de huit jours à l'état frais, malgré la précaution prise de le maintenir dans un lieu aéré, sec et frais sans être froid.

Deux moyens sont employés pour obtenir une plus longue conservation du beurre et permettre de constituer des réserves si utiles dans un ménage : on le sale ou on le fait fondre.

La première méthode est, pour ainsi dire, la seule employée dans notre région.

Pour saler le beurre, il faut l'étendre en couches minces au moyen d'un rouleau en bois, saupoudrer le beurre avec du sel fin et sec, dans la proportion de 50 à 80 grammes par kilogramme de beurre, puis presser et pétrir fortement pour que le sel pénètre également partout.

Le beurre est ensuite placé et tassé avec soin dans un pot de grès, au fond duquel on aura répandu préalablement une légère couche de sel. On saupoudre aussi de sel le dessus du beurre, quand le vase est rempli, et on le couvre hermétiquement.

Les pots qui contiennent le beurre doivent être placés dans un lieu sec et frais.

Pour le beurre demi-salé que l'on prépare pour la table, la proportion du sel est bien moindre. Ce sel doit être finement pulvérisé.

La préparation du beurre fondu est excessivement simple. Ce beurre doit être fondu au bain-marie à une température qui ne doit pas dépasser 60 degrés.

Pendant la fonte, on remue le beurre à plusieurs reprises, on enlève l'écume à mesure qu'elle se produit, et, lorsqu'il ne s'en forme plus, on verse le liquide dans des pots de grès que l'on recouvre de sel et que l'on ferme soigneusement. La fusion a pour objet de tuer les germes par la chaleur et d'éliminer, à l'état d'écume, la matière azotée qui serait une cause d'altération.

Fabrication des fromages.

La fabrication du fromage est, dans beaucoup de régions, une branche importante d'industrie agricole, et il est regrettable que dans le département de la Vendée, où la production du lait est considérable, les ménagères, sauf sur quelques points assez rares, ne cherchent pas à se livrer à la préparation d'un mets très nourrissant, et qui aurait sa place marquée aux repas du matin et du soir.

Il y a là une lacune qu'il serait intéressant de combler, d'autant plus que la fabrication du *fromage maigre*, dans le cas où on ne voudrait pas opérer avec du lait frais, ne diminue en rien la production du beurre, et que ce serait un excellent moyen d'utiliser une partie du lait, qu'un écrémage rapide met aujourd'hui à la disposition de la fermière.

Le fromage fait avec du lait écrémé est presque aussi nourrissant que celui fait avec du lait pur; il devient dur et se garde longtemps.

Le principe de la fabrication du fromage repose sur la coagulation du lait, sous l'influence de certains acides. Cette coagulation est dite *naturelle*, quand elle est due à la présence de ferments contenus dans le lait; *artificielle*, quand elle est hâtée par la présence de la présure.

On se servait autrefois, comme présure, du liquide recueilli dans l'estomac des jeunes veaux ou *caillette*. Il y a avantage aujourd'hui à employer les présures liquides ou en poudre que fournit le commerce, en se conformant aux instructions données par le fabricant.

La fabrication du fromage comprend quatre opérations différentes : 1° *faire cailler le lait;* 2° une fois le lait caillé, *enlever le petit-lait;* 3° *mettre le caillé en moule*, de façon à avoir un gâteau homogène; 4° *faire sécher et fermenter.*

La présure étant bien mêlée au lait, ce dernier caille au plus en vingt-quatre heures. Quand le caillé est formé, il s'agit de faciliter l'expulsion du petit-lait. Pour cela on en divise la masse en se servant d'une spatule en bois ou de tout autre instrument de ce genre, puis on place le caillé dans des moules en poteries de grès ou en fer-blanc.

Aussitôt que le caillé est égoutté, il peut être consommé.

Pour obtenir des fromages fermentés, d'une conservation plus durable, on procède comme il suit : aussitôt que les fromages sont égouttés, on les place sur des nattes en paille, et on les saupoudre à la surface avec du sel bien séché et bluté.

Pendant deux ou trois jours on retourne les fromages à plusieurs reprises, en continuant à les saler ; puis on les passe au séchoir, pièce très aérée, où ils seront placés sur des étagères, où l'on continuera à les retourner.

Pour des fromages de consommation courante, — ce sont surtout ceux-là qu'on a intérêt à produire dans la plupart des exploitations, — on peut très bien se contenter de les faire sécher à l'air, sur de simples claies placées à l'abri du soleil.

Les brebis.

Sauf dans la Plaine, où les troupeaux sont assez importants pour justifier l'emploi d'un berger, partout ailleurs ce sont les femmes et les enfants qui restent chargés de leur donner des soins.

Les conseils qui suivent leur sont tout particulièrement destinés.

Le **mouton** est essentiellement une bête de pâture, et les pâturages qui lui conviennent le mieux sont les pâturages élevés, à herbe courte, sur un terrain sec et perméable.

Les pâtures où le mouton réussit rarement sont celles des vallées ou des terrains bas, plus ou moins humides ou marécageux, qui donnent naissance à la *cachexie,* maladie qui s'annonce au début par la pâleur de la membrane de l'œil, bientôt suivie du développement sous la gorge, d'une tumeur désignée vulgairement sous le nom de *bouteille*.

Comme cette maladie dépend d'une cause générale, elle attaque presque toujours le troupeau tout entier.

Dans une exploitation où le sol est vraiment humide, il vaut mieux renoncer à entretenir des brebis mères, et se

Fig. 2. — Moutons et bergère.

livrer à l'engraissement des moutons, ce qui oblige à renouveler souvent le troupeau.

On évitera les effets pernicieux de ces pâturages humides, en prenant la précaution de n'y conduire les moutons que dans le milieu du jour, après les avoir fait pâturer sur un terrain sec.

Il convient également, avant de mettre les moutons dehors, de leur donner à la bergerie une certaine quantité de fourrage sec, et de placer à leur disposition un peu de sel et de l'eau rouillée. Cette dernière s'obtient facilement en jetant quelques vieux morceaux de fer dans le vase destiné à recevoir l'eau.

Même dans les terrains secs, il y a de nombreuses précautions à prendre en faisant pâturer les moutons. La première, très importante, est de ne jamais conduire le troupeau dans les champs, le matin, avant la disparition complète des brouillards et de la rosée.

L'herbe mouillée par la rosée du matin est extrêmement dangereuse pour les moutons. Déjà très froide par elle-même, elle devient absolument glaciale par suite du commencement d'évaporation qu'elle subit. C'est là certainement la cause de la perte de nombreux troupeaux.

La rosée du soir, qui n'a pas eu le temps de se refroidir, ne présente aucun inconvénient; on peut laisser les bêtes dans les champs tant qu'elles mangent avec appétit. Bien rassasiées le soir, elles seront moins pressées de sortir le lendemain.

Vers le milieu du jour, quand la chaleur est trop forte, les moutons cessent de manger et se pressent les uns contre les autres, tant pour abriter leur tête, qui est très sensible à l'action du soleil, que pour empêcher les mouches de s'introduire dans leurs narines.

Une bergère soigneuse fera rentrer son troupeau à la bergerie, ou le conduira sous un arbre ou derrière une haie, afin de lui procurer un peu d'ombre et de fraîcheur.

Dès que les brebis ne trouvent plus dans les champs la nourriture suffisante, et que le mauvais temps oblige à les garder à la bergerie, il sera nécessaire de pourvoir à leur alimentation, et on fera choix pour elles des meilleurs fourrages, notamment de ceux qui auront été bien conservés.

On fera en sorte de garnir les râteliers en l'absence des animaux,

La *laine*, telle qu'elle est enlevée du mouton, est enduite de matières grasses ou *suint*. Ce suint peut se dissoudre à l'eau froide, et, dans certaines contrées, on en débarrasse la laine par le lavage à dos, avant la tonte.

Il est d'usage, en Vendée, de faire cette opération après la tonte, et le lavage est naturellement plus complet.

Les propriétés dont dépendent les qualités de laine sont : la *finesse*, la *douceur*, la *ténacité* et l'*élasticité*.

Douce et fine, la laine se file bien; tissée et soumise au foulon, elle se feutre et forme des étoffes moelleuses, serrées sans cesser d'être souples, peu perméables et très propres à préserver du froid et de l'humidité. De plus, ces étoffes durent plus longtemps que celles fabriquées avec des laines grossières.

C'est donc à tort que, dans les campagnes, on considère la finesse, le moelleux d'une étoffe, comme une qualité de luxe, incompatible avec la résistance à l'usure que l'on cherche surtout à obtenir.

Cela peut être vrai pour les draps fins et souples du commerce, qui font, en effet, moins d'usage que les étoffes fabriquées à la campagne avec des laines plus communes, parce que ces draps sont souvent brûlés par la teinture, ou fabriqués très légèrement, dans le but d'économiser la matière. Mais si les ménagères livraient à leur tisserand des laines fines et souples, au lieu de laines grossières, leurs étoffes seraient beaucoup plus résistantes.

Le porc.

De nombreux produits seraient perdus dans une exploitation, si des porcs n'étaient là pour les utiliser; aussi on peut dire qu'il n'existe pas une seule ferme ou métairie, même parmi les plus petites, qui ne possède un ou plusieurs de ces animaux.

En raison de la nourriture abondante et variée dont on dispose et aussi de la précocité de la race choisie, on ne se livre, en Vendée et dans les départements voisins, qu'à deux spéculations principales : l'entretien des truies mères, pour vendre leurs produits au sevrage, et l'achat de ces jeunes animaux et leur élevage jusqu'au moment où on les engraissera.

Parmi les animaux engraissés, un certain nombre sont appelés à fournir la viande nécessaire à la consommation du ménage et sont tués dans l'exploitation, tandis que les autres figurent sur le marché de la Villette, où ils obtiennent les plus hauts prix.

Cette faveur, qu'ils partagent avec les porcs originaires des départements de la Loire-Inférieure, du Maine-et-Loire et de la Mayenne, est due aux résidus de laiterie qui entrent dans leur alimentation.

Un porc de bonne race se développe rapidement. S'il est suffisamment nourri, à partir du sevrage, avec des pommes de terre cuites d'abord et du petit-lait, puis avec de la farine d'orge, on peut l'abattre à l'âge de sept à huit mois.

Les jeunes porcelets se sèvrent à six semaines environ ; mais il faut avoir soin de les préparer un peu à l'avance au changement de nourriture qu'ils auront à subir, en leur donnant un peu de lait écrémé, auquel on ajoutera ensuite une petite quantité de farine. Il sera bon, en même temps, de les séparer de leur mère, pendant une partie plus ou moins grande de la journée.

La qualité de la viande de porc varie avec le degré d'engraissement et les races.

Chez les animaux d'origine anglaise, au lieu de s'infiltrer petit à petit dans les tissus et d'en augmenter la valeur, la graisse se dépose presque toujours entre la peau et la chair, sans faire corps avec elle, et par suite ne s'utilise pas de la même façon que la graisse des porcs français. Certaines races françaises aujourd'hui bien améliorées

Fig. 3. — Truie et sa portée dans une cour de ferme.

par la sélection, — et parmi elles nous citerons la race Craonnaise, — ne le cèdent en rien, sous le rapport des formes et de la précocité, aux races étrangères.

Au point de vue de l'aptitude à l'engraissement, les races anglaises tiennent le premier rang, et on peut citer parmi elles les races noires Berskshire et Hampshire et la grande race de Yorkshire.

En France, les races les plus méritantes sont la race Normande à oreilles longues et larges, dont les sujets atteignent un poids élevé, et la race Craonnaise plus régulière de forme et plus précoce.

Croisées avec les races anglaises, certaines races françaises, moins améliorées que les précédentes, donnent d'excellents métis, à la fois rustiques et précoces.

Le porc redoutant les températures extrêmes, on doit faire en sorte que son toit ne soit pas exposé au trop grand froid l'hiver, et que des ouvertures, soigneusement ménagées, permettent d'assurer une aération suffisante pendant les chaleurs de l'été. Le sol devra toujours être pavé et présentera une pente convenable. Une bonne précaution sera d'établir, au fond du toit, une plate-forme légèrement surélevée sur laquelle le porc se reposera.

Il est recommandé de maintenir la peau du porc toujours propre; pour cela il faut le nettoyer souvent, en le frictionnant avec un bouchon de paille mouillée ou avec une brosse de chiendent.

Le lapin.

Le **lapin** est un quadrupède de l'ordre des rongeurs, dont on utilise la chair et la peau.

Fig. 4. — Lapins.

Comme il vient rapidement, et que sa viande est vraiment saine et économique, il constitue une précieuse ressource pour le ménage.

Les soins qu'il exige sont fort simples, et il suffit d'un peu d'attention pour en tirer un parti avantageux.

Les toits à lapins doivent être établis un peu au-dessus

du sol, avec, autant que possible, un plancher légèrement incliné et percé de quelques trous pour l'écoulement des urines. Chacun de ces toits sera pourvu d'un râtelier pour le fourrage et, lorsque cela sera nécessaire, d'une augette plus ou moins grande, destinée à contenir des grains, du son et quelques racines. Ces toits seront fermés par une partie pleine et une partie à jour, de manière à ce que les lapins puissent être tranquilles et avoir en même temps de l'air et de la lumière.

Fig. 5. — Barrique utilisée comme clapier.

On obtient des toits très économiques et remplissant en même temps toutes les conditions nécessaires, en utilisant de vieilles barriques que l'on aura soin de consolider avec des cercles en fer, que l'on placera la bonde en bas, et dont une extrémité sera fermée avec une porte à coulisse grillagée.

Une propreté rigoureuse est nécessaire dans tous les toits à lapins, aussi la litière sera-t-elle renouvelée au moins deux fois par semaine.

Il faut éviter que la nourriture un peu aqueuse ne fermente, et se rappeler pour cela que l'herbe mouillée peut provoquer chez les lapins des diarrhées qui deviennent mortelles.

Les maladies que contractent ces animaux, telles que le *gros ventre*, la *diarrhée*, l'*affection des yeux*, etc., viennent presque toujours de ce qu'ils sont mal nourris

2*

et placés le plus souvent sur une litière humide non renouvelée.

Le lapin craint le froid et l'humidité encore plus que la privation d'air. La meilleure exposition à donner aux toits est celle du levant.

La basse-cour.

La **basse-cour** joue un grand rôle dans toutes les fermes; elle en est l'annexe obligée, et, bien administrée, elle est la source de bénéfices sérieux pour la ménagère.

Les principaux animaux entretenus dans une basse-cour sont : le *coq* et la *poule*, le *dindon*, la *pintade*, l'*oie*, le *canard* et le *pigeon*.

Chacun de ces animaux exige naturellement des soins particuliers.

Coqs et poules.

Le **coq** et la **poule** sont les principaux habitants de nos basses-cours, et, parmi les nombreuses races qui s'offrent au choix de la fermière, la race locale est le plus souvent celle qui convient le mieux, parce que, habituée au climat et au terrain, elle est plus résistante que toute autre race importée d'ailleurs. Si elle n'est pas parfaite, il est toujours facile de l'améliorer en nourrissant mieux les sujets et en leur donnant tous les soins nécessaires.

Fig. 6. — Coq.

Ce n'est pas cependant une règle absolue, tout dépend beaucoup de ce qu'on veut obtenir, et la ménagère agira sagement en examinant ce qui se fait autour d'elle, avant de donner la préférence à telle ou telle race.

Poulailler. — Le poulailler doit être aménagé de telle façon qu'on puisse y pénétrer facilement, pour pouvoir enlever les œufs d'abord, puis pour donner tous les soins de propreté nécessaires. Les murs en seront soigneusement

Fig. 7. — Coqs et poules.

crépis; des pondoirs, en rapport avec le nombre des poules entretenues, y seront aménagés, et les perchoirs placés tous à la même hauteur, pour que les poules n'aient pas à se battre pour occuper la place la plus élevée.

Le nettoyage devra en être facile.

Les perchoirs devront être distants de 45 à 50 centimètres les uns des autres, et leur largeur sera de 6 à 8 centimètres, pour permettre aux poules de s'y bien reposer. Quant au sol, il sera maintenu un peu en pente, dans la direction de la porte, soigneusement pavé ou bétonné s'il est possible; ce qui en permettrait le lavage après l'enlèvement des déjections.

Quel que soit le poulailler dont on dispose, on aura soin non seulement de le nettoyer une fois par semaine et de le badigeonner au lait de chaux de loin en loin, mais aussi de le désinfecter à l'occasion, pour détruire la vermine et les germes des maladies infectieuses.

Incubation. — Pour éclore et donner un poussin, l'œuf doit être soumis à l'action d'une température convenable pendant une période de vingt et un jours.

L'*incubation* ou *couvaison* a une extrême importance, car c'est d'elle que dépend en grande partie le succès de l'élevage des volailles. Elle s'effectue soit au moyen de poules qui manifestent le besoin de couver : c'est l'*incubation naturelle;* soit en ayant recours à l'*incubation artificielle,* obtenue au moyen d'appareils spéciaux ou couveuses.

Dans presque toutes les exploitations, l'incubation naturelle est la règle. On reconnait qu'une poule est disposée à couver, lorsqu'elle glousse quand on s'approche, que ses plumes se hérissent, que ses ailes s'écartent. Pour s'assurer de ses bonnes dispositions, on lui confie tout d'abord quelques œufs; puis au bout d'un jour ou deux, si elle tient bien en place, on lui préparera un nid définitif, dans un endroit un peu à l'écart, où elle ne sera pas dérangée. Ce nid peut être formé par une simple caisse, dans laquelle on aura mis un peu de foin ou quelques brins de paille.

On donne généralement à une couveuse de treize à quinze œufs, suivant la grosseur de ces derniers et la taille de la poule.

Chaque jour on enlève la poule de son nid, pendant quelques instants, pour qu'elle puisse se nettoyer et prendre la nourriture qui lui est indispensable pour bien remplir sa fonction.

L'éclosion des œufs d'une même couvée ne se fait pas en même temps; elle se prolonge ordinairement pendant vingt-quatre heures et quelquefois plus. Afin d'empêcher la mère de quitter son nid, on lui enlèvera les premiers poussins éclos, lorsqu'ils seront bien séchés, pour les lui remettre dès que l'éclosion sera complète.

Élevage. — Lorsque toute la couvée a bien pris vie, on place la mère sous une *mue* ou cage en osier ou en fer, qui a l'avantage de maintenir la poule à l'endroit qu'on juge le plus convenable, et dont les barreaux sont assez espacés pour permettre aux jeunes poussins de sortir et d'entrer librement. S'il fait froid, la mue sera placée dans une chambre saine et chaude, ou dans un coin bien abrité de la cour. S'il fait chaud et si le soleil donne sur la mue, il faut la couvrir d'une toile ou de quelques branchages pour donner de l'ombre aux poussins.

Ces cages ou mues donnent de grandes facilités pour l'élevage, car la poule n'est pas toujours un bon guide pour ses poussins; il lui arrive fréquemment de les entraîner dans la rosée ou de les exposer à la pluie, ce qui leur cause un refroidissement qui leur est souvent funeste, ou de les maintenir au trop grand soleil.

Les jeunes poussins ne réclament aucune nourriture la première journée. Ce n'est qu'au bout de vingt-quatre heures qu'on leur donne, comme premier repas, de la mie de pain rassis finement émiettée, puis des pâtées de pain trempé dans l'eau ou le petit-lait, des œufs durs coupés menu et mélangés de salade hachée. Dès que les poulets grossissent, on leur donne du millet et du petit-blé.

Ponte et production des œufs. — Les poules ne pondent pas régulièrement toute l'année. Ordinairement la ponte commence au printemps et cesse à l'arrière-saison. Cependant certaines conditions, comme une nourriture abondante, le séjour dans un poulailler où la température se maintient élevée, une très bonne exposition, permettent aux poules de pondre à l'époque où les œufs sont rares.

C'est entre deux et quatre ans que les poules fournissent le plus d'œufs; mais le plus souvent il y a avantage à les sacrifier dès leur troisième année, afin d'en tirer parti pendant qu'elles sont encore bonnes pour la vente.

Engraissement. — Presque toujours, dans les fermes, l'engraissement des poulets se fait en liberté, en leur fai-

Fig. 8. — Épinette.

sant une distribution plus ou moins abondante de nourriture. Par ce moyen on ne peut guère les amener qu'à l'état de demi-gras. Si on veut obtenir davantage, il faut les mettre en réclusion dans des boites divisées en compartiments, dont la façade présente des ouvertures par où les poulets à l'engrais peuvent passer la tête pour prendre la nourriture dans des augettes fixées en avant. Le fond de la caisse est également à claire-voie, pour laisser passer les déjections. Ces boîtes ou cages, qui portent le nom d'*épinette*, doivent être placées dans un local peu éclairé, à température moyenne et dans un endroit très tranquille. La nourriture se composera de grains divers, de pâtées de farine, de riz cuit, avec du lait écrémé comme boisson.

Les épinettes doivent être souvent nettoyées.

L'engraissement ne dure jamais plus de quinze jours à trois semaines.

Le dindon.

Le **dindon**, qui est originaire d'Amérique, est très recherché pour sa chair délicate. La femelle couve facile-

Fig. 9. — Dinde et dindonneau.

ment, se montre excellente mère, et on l'utilise souvent pour obtenir des poussins. En raison de sa taille, on peut sans inconvénient lui confier vingt-cinq œufs de poule.

La durée de l'incubation des œufs de dinde est de vingt-huit jours, et comme, pendant tout ce temps, la couveuse fait des difficultés pour quitter son nid, il est indispensable de mettre de la nourriture et de l'eau près d'elle.

Très rustique à partir de l'âge adulte, le jeune dindonneau est très délicat au début; il craint l'humidité et les brusques changements de température, et, partout où le sol n'est pas très sain, son élevage donnera lieu à de nombreux mécomptes.

La première nourriture sera la même que celle donnée aux jeunes poussins, à laquelle on ajoutera de l'*ortie blanche* hachée, de la *laitue*, du *fenouil* et autres plantes vertes qui ont pour but de combattre la constipation.

Vers deux mois les dindonneaux subissent une crise dangereuse, ce qu'on appelle la *prise du rouge*, moment où les caroncules du bec et du cou se développent. Une fois cette crise passée, l'animal est devenu très rustique et peut être envoyé au loin dans les champs.

L'élevage du dindon n'est vraiment rémunérateur que dans les exploitations étendues, où on les conduit en troupeau dans les prairies, dans les champs, le long des bois.

Le dindon consomme de grandes quantités de limaces et d'insectes. Les dindonneaux ont atteint leur développement à six ou sept mois.

La pintade.

La pintade est originaire de l'Afrique. Elle fournit une chair très délicate, qui ressemble beaucoup à celle du faisan. Son élevage est relativement facile. Comme la pintade est par nature très vagabonde, qu'elle s'éloigne volontiers de la basse-cour pour chercher sa nourriture, que dé plus elle se cache pour pondre, et couverait forcément au loin, il est préférable de confier ses œufs à une poule. La durée de l'incubation est de vingt-quatre à vingt-six jours. L'éclosion se fait très rapidement.

Fig. 10. — Pintade.

Les jeunes pintadeaux sont très vigoureux dès leur naissance et ne demandent pas d'autres soins que ceux qu'il est d'usage de donner aux jeunes poussins.

La crise que les pintadeaux subissent au moment où ils prennent des plumes d'adulte est facilement supportée par eux.

L'oie.

L'oie est le plus gros oiseau de la basse-cour; elle appartient, comme le *canard*, à l'ordre des palmipèdes.

Fig. 11. — L'oie.

Il existe, en France, deux variétés principales d'oies domestiques : l'*oie commune*, qui est celle qu'on élève en Vendée et dans tout le Poitou, et l'*oie de Toulouse*. Cette dernière, qui comprend plusieurs sous-variétés, atteint un plus grand développement; c'est celle qu'on emploie pour la production des foies gras.

L'oie est surtout exploitée pour sa chair, qui est de bonne qualité, quoique un peu grasse et indigeste; mais la plume molle et le duvet qu'on lui enlève plusieurs fois par an constituent également un produit très apprécié par la ménagère. Cette opération ne doit se faire que lorsque la plume est mûre, c'est-à-dire quand le duvet ou la plume s'arrachent sans que la peau saigne.

La seule précaution à prendre pour l'élevage des jeunes oisons est d'éviter qu'ils reçoivent de la pluie pendant les premières semaines, et de faire en sorte qu'ils puissent se réchauffer dans le milieu de la journée, quand ils en éprouveront le besoin.

Comme nourriture, on leur donnera tout d'abord du pain trempé dans du lait écrémé, puis des pâtées de pommes de terre cuites et bien écrasées, auxquelles on mélangera de plus en plus des herbes hachées, et de préférence *l'ortie*, qui est, de toutes les plantes, celle qui parait le mieux convenir aux jeunes oies.

Les oies adultes mangent toutes les espèces de grains, les betteraves, pommes de terre et autres produits de la ferme; mais le parcours et la nourriture herbacée leur sont nécessaires; elles paissent dans les champs et les pâtures, comme le font les moutons. Les oies sont des animaux dévastateurs, et par la manière dont elles dévorent les plantes, et par leur fiente liquide et brûlante; aussi ne doit-on pas hésiter à renoncer à leur élevage dans toutes les exploitations où les prairies et pâtures doivent être consacrées à la nourriture d'un bon bétail.

Le canard.

Le canard est, de tous les oiseaux qui peuplent une basse-cour, le plus facile à élever, à la condition d'avoir à proximité la moindre pièce d'eau, mare ou eau vive. A leur défaut, un simple bassin avec eau renouvelée peut suffire, mais à la condition de lui fournir toute la nourriture dont il a besoin.

Son élevage sera d'autant plus avantageux qu'il pourra trouver une partie de ce qui lui est nécessaire dans les cours d'eau, un étang ou une mare.

Fig. 12. — Canards.

Il y a deux principales races de canards : le *canard commun*, que l'on rencontre un peu partout, dont la grosseur varie suivant l'alimentation plus ou moins complète qu'il reçoit, et le *canard de Rouen* ou *de Normandie*, qui atteint un plus grand développement.

La *cane* est bonne pondeuse et serait une excellente couveuse, si on lui laissait toute liberté pour cacher sa couvée, ce qui est rarement possible. Contrariée dans ses habitudes, elle accepte difficilement le nid qu'on lui a préparé, dépose ses œufs un peu partout, quelquefois même au milieu de la basse-cour; aussi l'habitude est-elle généralement prise de confier ses œufs à une poule.

La durée de l'incubation est de vingt-huit jours.

Les canetons, très vigoureux dès leur naissance,

s'élèvent facilement, à la condition qu'ils puissent se réchauffer à plusieurs reprises, dans la journée, sous la poule couveuse, qui s'y prête volontiers et les conduit avec le plus grand soin. La pluie leur est nuisible, comme à tous les jeunes oiseaux de basse-cour. Un caneton mouillé par la pluie dans les huit premiers jours de sa vie court risque de périr; mais il peut impunément s'ébattre dans une pièce d'eau.

Les canetons sont excessivement voraces; ils mangent moins à la fois que les poulets du même âge, mais digèrent avec une grande rapidité; aussi faut-il leur donner à manger six ou huit fois par jour.

Leur nourriture se composera, dans les premières semaines au moins, de pain mouillé imbibé de lait écrémé, de pâtées claires auxquelles on aura soin de mélanger un peu de verdure hachée, notamment des orties et de la salade. Ils ne tarderont pas à y ajouter eux-mêmes, sous la forme de vermisseaux, de larves et d'insectes, la nourriture animale qui leur est nécessaire.

L'élevage du canard se fait en grand, et d'une manière très lucrative, dans tout le Marais, qui s'étend dans le département de la Vendée, entre Challans et la mer. Les efforts des éleveurs tendent à produire des animaux précoces qui atteignent des prix élevés sur le marché de Paris, où ils sont vendus sous le nom de *canards nantais*. Cet élevage donne lieu à un commerce considérable.

En trois ou quatre mois, un canard a atteint son développement; on peut le manger dès qu'il a les *ailes croisées*, c'est-à-dire lorsque les grandes plumes des ailes se croisent au-dessus de la queue.

Le pigeon.

Le pigeonnier de la ferme est ordinairement formé par quelques caisses ou boîtes accrochées à un des murs des bâtiments, que l'on placera autant que possible au midi ou à l'est, en prenant les précautions nécessaires pour que les chats et les rats ne puissent s'y introduire.

La vermine est un grand ennemi du pigeon : aussi, quel que soit le système du pigeonnier choisi, devra-t-on l'installer de façon à permettre un nettoyage facile. Le devant de chaque case ou nid devra être muni d'une planchette extérieure formant plate-forme.

Fig. 13. — Pigeons.

Les pigeons vivent par paire ou par couples. La femelle pond deux œufs, qu'elle couve à tour de rôle avec le mâle. La durée de l'incubation est de dix-sept jours.

Les pigeonneaux reçoivent d'abord la becquée de leurs parents.

Lorsque les pigeonneaux sont couverts de plumes et qu'ils commencent à venir sur le bord du nid, sans pouvoir encore voler, il faut les prendre, ils sont bons à manger. Ce moment arrive lorsqu'ils ont trois semaines ou un mois, suivant l'abondance de la nourriture qui leur a été donnée.

Les pigeons se nourrissent de toutes sortes de grains,

Apiculture.

Les abeilles, désignées vulgairement sous le nom de *mouches à miel*, recueillent le miel sur les fleurs et sur toutes les matières sucrées. Ce miel, elles le déposent dans les ruches pour s'en nourrir et en fabriquer la cire, avec laquelle elles construisent leurs cellules.

Une famille d'abeilles se compose d'une *mère* ou *reine*, qui a pour fonction de peupler la colonie d'*abeilles ouvrières*, et d'une certaine quantité de mâles ou *faux-bourdons*.

Fig. 14. — Abeille.

Les abeilles ouvrières sont les plus nombreuses et leur travail est réglé d'une façon vraiment admirable.

Parmi les jeunes qui restent d'abord dans l'intérieur de la ruche, les unes sont chargées de nettoyer les rayons, de distribuer la nourriture aux jeunes larves du *couvain*, de construire les rayons de cire et d'y emmagasiner le miel; d'autres ont pour mission d'aérer la ruche en agitant leurs ailes devant l'entrée, pendant que d'autres en surveillent et gardent les abords. Plus âgées, elles vont butiner les fleurs, sur lesquelles elles récoltent le pollen et le miel qui assureront l'existence de la ruche.

Essaimage. — L'*essaim* est une partie de la population de la ruche qui sort de la ruche mère avec une reine. Généralement l'essaimage a lieu fin de mai ou juin, et lorsque, vers le matin, les faux-bourdons, qui ne possèdent pas d'aiguillon et qu'on reconnait à leur grosseur, voltigent autour des ruches et que les abeilles forment grappe autour du plateau, on peut affirmer que le départ est proche.

L'essaim ne tarde pas ordinairement à se fixer à proxi-

Fig. 15. — Ruche vendéenne.

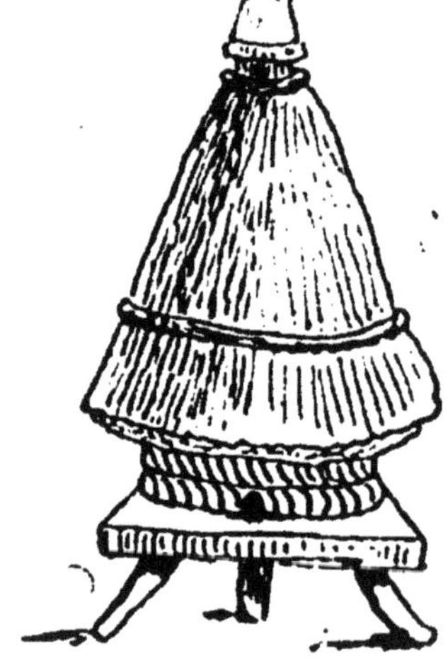

Fig. 16. — Ruche ordinaire.

mité, sur une branche d'arbre. Certaines précautions sont nécessaires pour introduire cet essaim dans une ruche préparée à l'avance; mais si on enfume légèrement les abeilles, avant de les manipuler, on peut éviter toute piqûre.

Fig. 17. — Ruche à cadre.

Quand on veut faire la récolte du miel, on se rend maître des abeilles à l'aide d'un *enfumoir* dans lequel on fait brûler quelques chiffons. Cette opération se fait ordinairement au printemps.

Pour séparer le miel de la cire, on place les gâteaux

sur un tamis. Le miel qui reste dans la cire est ensuite enlevé par la pression.

Une fois le miel extrait, la cire est mise à fondre dans l'eau chauffée à la température voulue; elle surnage à la surface, on l'enlève avec soin, puis elle est coulée dans tel moule qu'on aura choisi.

III

LA FEMME AU JARDIN

CULTURE DES DIFFÉRENTS LÉGUMES — FLEURS

Dans un trop grand nombre d'exploitations rurales, fermes, métairies et borderies, la part faite au jardin potager est des plus restreintes. Le cultivateur pense surtout à ses champs, et c'est à peine, si, de loin en loin, il se préoccupe de lui donner quelques soins. Traité de cette façon, le meilleur terrain ne peut fournir que des produits médiocres, quand il en produit, et il appartient à la fermière, à laquelle un jardin est nécessaire, puisqu'elle a besoin d'avoir, à tout instant, des légumes sous la main, de réagir, autant qu'elle le pourra, contre un abandon vraiment regrettable.

Quelle que soit la forme de la parcelle de terre dont on dispose et son étendue, il est commode qu'elle soit divisée en deux, par une allée principale, sur laquelle viendront aboutir les allées de moindre importance qui séparent les carrés entre eux, ce qui donnera un peu d'air au jardin, d'abord, puis facilitera le transport des fumiers et terreaux.

Si le potager présente une certaine surface, on y ajoutera une seconde allée ayant les dimensions de la première, faisant le tour du jardin, le long de laquelle seront réservées, aux expositions favorables, des bandes de terre de deux à trois mètres de large.

On sait que les plates-bandes exposées au midi et un peu inclinées, peuvent fournir des légumes ayant une avance de deux à trois semaines sur ceux cultivés dans les carrés voisins.

Ces carrés sont rarement cultivés tout d'une pièce; on les divise par planches de 1m50. séparées par un étroit sentier.

Comme des arrosages sont indispensables, au cours de l'été, on se préoccupera naturellement d'avoir de l'eau à proximité. Mais les bras manquent souvent pour ce travail, d'autant plus que les arrosages doivent être souvent renouvelés, et une bonne mesure à prendre, quand la chose est possible, sera de créer, en dehors du jardin d'hiver et de printemps dont la place est près de l'habitation, un jardin composé de quelques carrés, établi près d'une source, dans un terrain frais, dans lequel on placera les légumes dont la culture se fait en été, et qui sont particulièrement exigeants sous le rapport de l'eau.

Ces jardins, assez nombreux dans la région, constituent ce qu'on appelle vulgairement une *mottine*.

Dans un potager bien tenu, chaque chose doit être à sa place, les débris des légumes arrachés soigneusement, mis en tas au fur et à mesure, puis enlevés et la terre absolument nette de mauvaises herbes.

Semis.

Les **semis** constituent une des opérations les plus importantes du jardinage. Bien qu'ils soient soumis à des règles, pour ainsi dire, spéciales à chaque genre de plantes cultivées, on peut néanmoins formuler à cet égard quelques données générales.

Plus les graines sont fines, moins elles seront enterrées; les plus petites même sont simplement déposées sur le sol, ou tout au plus recouvertes d'une couche mince de terreau pulvérisé. Une fois que la graine est confiée à la terre, le semis ne doit pas souffrir un seul instant de la sécheresse; toute négligence, à ce sujet, peut avoir les plus graves conséquences. Un semis dont les grains ont commencé à lever peut être perdu, si la sécheresse surprend les jeunes plantes pendant la première période de leur formation.

La terre ensemencée doit être parfaitement ameublie, afin d'être perméable à l'air. Sans le concours de l'air, les meilleures graines pourrissent et ne germent pas. C'est ce qui arrive souvent dans les terres fortes.

On fait les semis de deux manières : *à la volée* et *en lignes*. Les semis en ligne donnent les plus beaux produits, et en même temps on fait économie de semence; de plus, les sarclages et binages se donnent plus facilement.

Couches.

Pour établir une **couche**, on s'y prend de la façon suivante : dans un endroit bien abrité du jardin, on apporte une forte couche de fumier frais de cheval, s'il est possible, que l'on tasse de son mieux par lits successifs, de manière qu'elle atteigne une hauteur de 40 centimètres. Sur ce fumier, que l'on aura préalablement arrosé, on dépose un coffre rectangulaire, constitué par un assemblage de planches de 25 centimètres environ de largeur, auquel on donnera les dimensions jugées nécessaires, en faisant en sorte que la couche de fumier déborde tout autour d'une largeur d'au moins 50 centimètres. Dans ce coffre, on place un mélange de terreau et de terre tamisée, et on le recouvre ensuite d'un châssis vitré mobile.

La fermentation ne tarde pas à s'établir dans le tas de fumier, et la chaleur qui en résulte détermine une prompte germination des graines semées. On aura soin, s'il y a excès de chaleur, de modérer la température en ouvrant légèrement le châssis. Ces couches, qui sont d'un établissement facile, permettent d'avoir de bonne heure, au printemps, les premiers plants de laitues, chicorées et choux qui demandent à être repiqués.

Sarclages et binages.

Le **sarclage** consiste à enlever les mauvaises herbes des semis, à la main, lorsque ces derniers sont très jeunes et serrés, et avec un instrument lorsqu'ils sont forts. C'est une opération des plus importantes, car les mauvaises herbes, toujours plus vigoureuses que les plantes cultivées, non seulement absorbent l'engrais qui leur est destiné, mais encore les étouffent avec leurs feuilles et leurs racines.

Dans un jardin, la sécheresse ne doit pas empêcher de procéder à un sarclage; il suffira de quelques arrosoirs d'eau pour humecter la terre et faciliter l'arrachage des herbes.

Le **binage** n'a pas seulement pour but de détruire les herbes naissantes, mais surtout de rendre le sol perméable à l'air et d'y maintenir l'humidité nécessaire aux plantes. Tout ce qui n'est pas paillé dans le potager, c'est-à-dire recouvert d'une légère couche de fumier, doit être fréquemment biné, surtout après les arrosements qui battent la terre et forment à la surface une couche dure et sèche. Des binages suffisamment renouvelés permettent de maintenir un jardin dans un état de propreté parfaite.

Arrosages.

Il est une règle en jardinage, c'est qu'il est préférable de ne pas arroser du tout que de le faire incomplètement. Le but de l'arrosage, en effet, est de mouiller la terre profondément pour dissoudre les engrais et déterminer une végétation prompte et vigoureuse. Si on se contente d'humecter un peu la superficie, les feuilles rafraîchies seules fonctionnent, et, comme les racines ne sont pas en mesure de leur envoyer la sève qu'elles réclament, l'opération est plus nuisible qu'utile.

Pour arroser une planche de légumes avec profit, on donnera, une première fois, la quantité d'eau nécessaire pour humecter la terre; puis, un quart d'heure après, on procédera à un second arrosage qui pénétrera plus profondément, en s'arrêtant dès que l'eau coule à la surface; enfin, un troisième arrosage plus abondant, donné une demi-heure après, viendra compléter l'opération.

On devra arroser de préférence le soir, l'évaporation étant moins grande que le matin; mais, si le temps manque, il vaudra mieux arroser le matin et même dans le milieu de la journée que de s'abstenir complètement.

Un arrosage en plein, *à la pomme*, doit toujours être préféré à l'arrosage *au goulot*.

CULTURE DES PRINCIPAUX LÉGUMES

1° Plantes cultivées pour leurs racines.

LA POMME DE TERRE

Dans notre région vendéenne, les pommes de terre sont cultivées dans les champs; mais certaines variétés hâtives, telles que la pomme de terre Marjolin et l'Early rose, pour une partie, sont mieux à leur place dans le potager, où la plantation peut se faire plus tôt et dans de meilleures conditions au printemps.

Fig. 1. — Pomme de terre Early rose.

On fera choix, pour la semence, de tubercules venus à bonne maturité et bien conservés, et on gagnera un temps précieux, en les faisant germer à l'avance, ce qu'on peut obtenir facilement, en plaçant ces tubercules debout, de manière à se toucher le moins possible, dans des caisses plates que l'on rangera dans une cave saine, un peu éclairée, ou dans un cellier.

La récolte des pommes de terre hâtives, pour la consommation, se fait aussitôt que les tubercules nouveaux ont atteint une grosseur suffisante.

LA CAROTTE

La carotte est un légume indispensable, dont on ne doit jamais manquer dans un ménage rural.

La graine germe et lève lentement; aussi est-il préférable de faire les premiers semis en lignes distantes de 20 à 25 centimètres, de manière à faciliter les sarclages. On fera choix pour cela d'un sol bien ameubli et fumé dès l'automne. Celles qu'on enlève, pour dégager les autres, sont utilisées dès qu'elles ont atteint la grosseur du petit doigt. Si la place fait défaut dans le jardin, les carottes destinées à la provision d'hiver peuvent très bien être cultivées en plein champ.

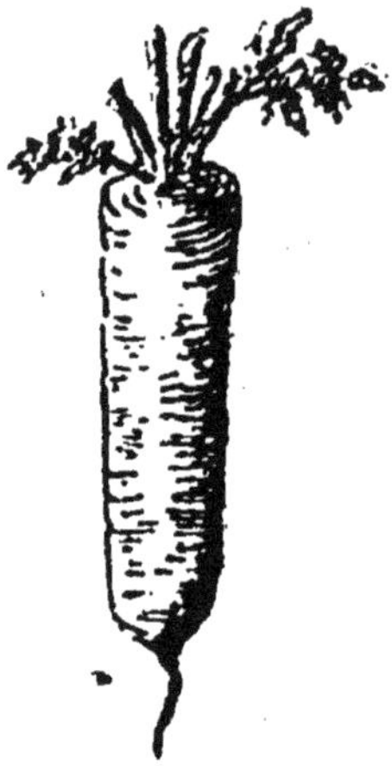

Au moment de l'arrachage, on coupe les feuilles près du collet, puis on les conserve dans une cave saine ou dans un cellier, où on les recouvre d'une légère couche de sable.

Fig. 2. — Carotte demi-longue Nantaise.

En semant fin de juillet dans le jardin, on obtient de petites carottes qui peuvent servir au printemps. On les protège, en hiver, avec des branches garnies de feuilles ou avec de la fougère.

Les variétés dites *Nantaises*, longues ou demi-longues, conviennent tout particulièrement dans la région.

La graine de carotte, tenue dans un endroit sec, conserve ses facultés germinatives pendant environ quatre ans.

Fig. 3. — Navet jaune boule d'or.

LE NAVET

Le navet ou *rave* est rarement cultivé dans le jardin de la ferme. Généralement on sème plusieurs variétés en mélange dans les champs, à la fin de juillet. Le navet *jaune d'or* est un de ceux qui conviennent mieux pour le ménage.

LE RADIS

Les semis de radis peuvent se renouveler souvent ; mais deux saisons surtout sont favorables, le printemps et le milieu de l'été, fin de juillet et commencement d'août. Ils demandent une terre très meuble et fortement terreautée. Pour avoir des racines tendres, il est indispensable de récolter avant complet développement.

Fig. 4.
Radis rond rose.

BETTERAVE

La seule betterave qu'il convient de cultiver dans un jardin est la *betterave rouge*, dont il y a deux variétés principales : la petite betterave *de Castelnaudary*, très sucrée, d'un rouge très foncé, et la betterave *crapaudine*. On sème la graine au printemps, de préférence en pépinière. On arrache les betteraves en novembre, et on les conserve comme les carottes.

Fig. 5.
Betterave rouge crapaudine.

SALSIFIS ET SCORSONÈRE

Ces deux racines servent aux mêmes usages et demandent la même culture. On sème soit au printemps, soit en été, juillet et août. Les semis de printemps donnent des racines bonnes à récolter à la fin de l'automne et pendant l'hiver.

Les semis d'été donnent des racines seulement dans le courant de l'année suivante. Si des pieds montent dans le cours de l'été, il est nécessaire de couper les tiges, dès leur apparition, de manière à ce que les racines puissent se développer et rester tendres. Les **salsifis** et **scorsonères** exigent une terre profonde.

CÉLERI

On distingue deux variétés principales de **céleri** : le céleri *à côtes*, que l'on désigne aussi sous le nom de *céleri-fosse*, et le *céleri-rave*.

Les semis en pleine terre se font après les derniers froids, en avril et mai, à une exposition bien abritée. On sème très clair, et comme les plants devront être mis en place, sans avoir été repiqués, on les éclaircit soigneusement.

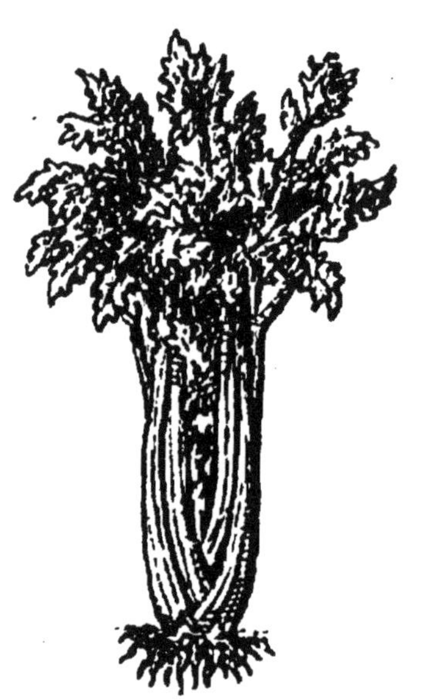

Fig. 6. — Céleri-fosse.

La plantation se fait en juillet, dans un terrain meuble, bien amendé et plutôt frais que sec. Chaque pied, arrosé pour la reprise, sera mouillé tous les deux ou trois jours, si le temps se maintient au sec.

Les feuilles de céleri à côtes ne pouvant être consommées qu'après avoir perdu une grande partie de la saveur aromatique qui caractérise cette plante, il est d'usage de les faire *blanchir*, ce qui s'obtient en plaçant les jeunes plants en lignes suffisamment espacées pour qu'on puisse, après les avoir liés, procéder à plusieurs buttages successifs, à mesure que les feuilles s'allongent.

Une excellente méthode à suivre, quand le terrain le permet, est de préparer une fosse de 70 centimètres à 1 mètre de large, de la profondeur d'un fer de bêche, que l'on cultive et fume à fond, et dans laquelle on plante deux ou trois rangs de céleri. La terre disposée à côté sert à rechausser les plants.

Fig. 7. — Céleri-rave.

Ce légume craint le froid, aussi est-ce une bonne précaution de conserver, dans une cave ou cellier, une partie du céleri butté et blanchi d'avance.

Le *céleri-rave*, dont la racine est tendre et moelleuse, d'une saveur plus douce que celle du *céleri à côtes*, quand elle s'est développée dans de bonnes conditions, se plante en lignes, à 40 centimètres en tous sens. Il exige une terre meuble et profonde et, à défaut de fraîcheur naturelle, réclame de nombreux arrosages.

On rentre une partie des racines au commencement de l'hiver, et on les conserve comme les autres légumes.

2° Plantes bulbeuses.

L'OIGNON

La culture de l'oignon doit se faire, dans une terre douce et saine, fumée avec de l'engrais très consommé, le contact des substances en fermentation étant très nuisible à toutes les plantes bulbeuses.

Les variétés d'oignons diffèrent par la grosseur et la couleur. C'est ainsi qu'on distingue l'*oignon blanc*, l'*oignon jaune*, etc. La variété jaune est la plus cultivée, parce qu'elle est plus facile à conserver. Le semis le plus important est celui qui se fait en juillet et août, dont le plant passe l'hiver en terre et est repiqué en mars.

Fig. 8. — Oignon jaune.

L'oignon est mûr, dans notre région, en août-septembre.

Pour favoriser le développement des bulbes, quand l'oignon est à moitié formé, on couche les tiges en appuyant dessus avec le dos d'un râteau ou avec le pied. Cette opération se fait vers la fin de l'été. Lorsque la tige se flétrit, l'oignon est mûr, il faut l'arracher sans retard. On met ensuite les oignons en bottes, et on les conserve dans un endroit sec.

En semant l'oignon en place et très serré, vers la fin de mai, on obtient en août-septembre de petits bulbes très recherchés pour les confire au vinaigre.

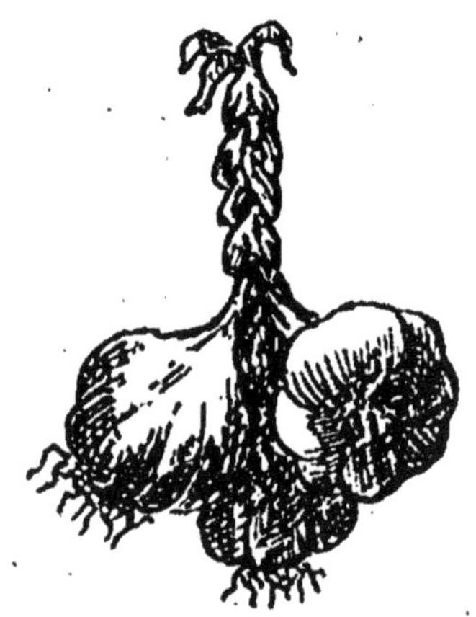

Fig. 9. — Ail.

L'AIL.

L'ail se plante en bordure ou en petites planches. Il se multiplie exclusivement de *caïeux*, qui portent le nom de *gousses*, et que l'on met en terre au printemps. Lorsque les feuilles de l'ail commencent à jaunir, il faut l'arracher; on le laisse quelques jours sur le sol, exposé à l'air et au soleil, puis on le conserve ensuite, suspendu par petites bottes, dans un lieu sec.

L'*échalote* se cultive comme l'ail.

LE POIREAU

Un carré de poireaux est indispensable dans tout jardin de ferme, en raison du grand rôle que ce légume joue dans la cuisine ménagère, comme assaisonnement.

Fig. 10. — Poireau.

Le poireau possède en outre l'avantage de ne pas geler; on peut donc le laisser en place et l'arracher seulement au fur et à mesure des besoins. Le poireau, en dehors de cela, se sème et se cultive comme l'oignon.

La variété de poireau grosse et courte, moins difficile que la variété longue, est préférable dans les jardins ordinaires.

Les poireaux montent à graine de bonne heure au printemps; on retardera leur végétation en les arrachant pour les mettre en jauge dans un lieu sec, à l'abri du hâle de mars.

Le plant de poireau doit être arraché avec soin pour être repiqué; on retranche l'extrémité des feuilles et du chevelu des racines.

LA CIBOULE OU CIVE

La ciboule vivace, connue généralement sous le nom de *cive*, est la plus avantageuse à cultiver; ses touffes fréquemment dédoublées se reproduisent d'elles-mêmes. Ces dernières se placent le plus souvent en bordures. Elle est très employée dans toutes les fermes.

CIVETTE OU CIBOULETTE

Cette plante, également vivace, forme de très jolies bordures; ses feuilles seules sont employées à la préparation de plusieurs mets.

3° Plantes cultivées pour leurs feuilles.

CHOUX POMMÉS

Ces **choux** se divisent en deux classes bien distinctes : 1° les *choux cabus* à feuilles lisses, dont les principales variétés sont : le *chou d'York*, le *chou Cœur-de-Bœuf*, le *chou de Saint-Denis* et les *choux Nantais* ou *Jounet ;* 2° les *choux de Milan* à feuilles frisées. A cette race de choux se rattache le *chou de Bruxelles*, qui produit à l'aisselle des feuilles de petites pommes frisées, tendres et fort estimées, que l'on cueille à mesure qu'elles se produisent.

Fig. 11. — Chou cœur-de-bœuf.

Tous ces choux se sèment en pépinière, puis on les transplante sur le terrain où ils achèveront de prendre leur développement. Ce terrain est presque toujours, dans notre région vendéenne, le champ destiné à la plantation des choux fourragers de la métairie, dans lequel on a réservé, de loin en loin, quelques sillons qui ont reçu une fumure plus complète et seront en même temps l'objet de soins particuliers, au point de vue des sarclages et des binages.

Fig. 12. — Chou Joanet (Nantais).

Cependant on peut avoir intérêt à semer au mois d'août, et à repiquer en septembre-octobre, dans un endroit bien exposé du jardin, certains choux tels que le *Cœur-de-Bœuf,* qui pourront être consommés un peu plus tôt que ceux cultivés dans les champs.

Tous les choux cultivés en plein champ se sèment en mars-avril et sont repiqués dans le courant de juin ou commencement de juillet.

Les choux supportent bien le froid ; mais ils redoutent les gels et dégels qui les font pourrir. Pour conserver les choux en hiver, il faut avoir soin de les planter en jauge, en les inclinant au nord, puis de les couvrir de feuilles au moment des grands froids.

CHOUX-FLEURS

Le plant du **chou-fleur** est assez sensible au froid. On ne pourrait donc semer cet excellent légume qu'au printemps, pour en consommer les fruits qu'en automne, si la plante était cultivée seulement pendant la partie de l'année qui lui est favorable. Mais, moyennant quelques soins, il est facile aux jardiniers de profession d'obtenir des plants qui pourront être mis en place dans le courant de mars. Les choux-fleurs seront bons à récolter dès le mois de juin.

Fig. 13. — Chou-fleur.

La culture du chou-fleur semé pour l'automne est des plus simples; elle est la même que celle des choux communs, mais pour réussir elle exige de nombreux arrosages.

Quelle que soit l'époque à laquelle on sème le chou-fleur, il est essentiel, pour avoir de bons plants, de le repiquer au moins deux fois.

On compte trois variétés principales : le *tendre de Paris* ou *Salomon*, le *demi-dur* et le *dur*. A ces trois variétés, il faut ajouter le *chou-fleur de Saint-Brieuc*, plus tardif et plus rustique.

CHOU-BROCOLI

Le **chou-brocoli** ne diffère du chou-fleur que par ses feuilles ondulées, plus étroites et plus nombreuses.

Les premiers brocolis se sèment en mars, et on fait des semis successifs jusqu'en mai et juin. Quand le plant est assez fort, il est repiqué en pépinière, puis mis en place quelques semaines après. Plus rustiques que les choux-fleurs, les brocolis hâtifs commencent à donner leurs produits en novembre et jusqu'au printemps et supportent bien les gelées.

Les choux-brocolis peuvent très bien être plantés en plein champ, en terre bien fumée.

LAITUES

On distingue plusieurs sortes de laitues : 1° la *laitue de printemps*, dont la variété principale est la *laitue gotte*, lente à monter, qui se développe rapidement ; 2° la *laitue d'été*, dont les variétés à recommander sont : la *laitue blonde d'été*, la *romaine blonde* et la *grosse brune paresseuse ;* 3° les *laitues d'hiver*, qui comprennent : la *laitue rouge d'hiver* et la *grosse blonde d'hiver*.

Fig. 14. — Laitue Gotte.

Les laitues de printemps se sèment en mars, sur une petite couche de terreau, à une bonne exposition ou bien sur place, parmi les oignons, carottes, salsifis, etc.

Celles d'été se sèment de mars à juillet en pépinière, pour que leur produit succède à celui des hâtives.

Les laitues d'hiver se sèment depuis la mi-août jusque vers le 10 septembre. On plante à la fin d'octobre, sur les plates-bandes du midi, bien abritées, au pied des murs.

Il en est des laitues comme des choux et de plusieurs autres légumes ; chaque région a ses variétés de prédilection. Il appartient à la ménagère de faire cultiver, dans son jardin, la laitue qui convient le mieux au goût de chacun et aux conditions du sol et du climat.

CHICORÉE

La chicorée est la plus saine de toutes les salades. On distingue la *chicorée frisée* et la *chicorée à feuilles larges*, peu découpées, appelée *scarole*.

Les chicorées peuvent être semées à l'air libre, de mois

en mois, au printemps jusqu'en juillet. Le plant peut être mis en place jusqu'en septembre. Ce sont les chicorées obtenues par ces plantations tardives qui conviennent surtout pour l'approvisionnement d'hiver.

La culture de ces deux variétés de chicorée est absolument la même ; seulement la scarole a l'avantage sur la chicorée frisée de pouvoir être plus facilement conservée l'hiver ; elle est moins sujette à la pourriture.

Pour blanchir la chicorée afin de la rendre plus tendre, il suffit, en septembre et en octobre, de la lier avec quelques brins de paille ; en novembre on la couvrira de feuillés, et en décembre on la rentrera dans un cellier ou sous un châssis couvert de paillassons ou d'un peu de fumier.

LA MACHE

La mâche, appelée aussi *doucette* ou *boursette*, ne craint pas la gelée, ce qui la rend précieuse comme salade d'hiver. On la sème successivement depuis la mi-août jusqu'en octobre, et on la récolte depuis l'automne jusqu'au printemps. Cette salade est plus tendre et meilleure quand la gelée a passé dessus. Elle constitue une précieuse ressource pour le ménage, surtout dans les jardins dépourvus de couches, de châssis et de cloches. La mâche est la salade des cultivateurs pendant l'hiver.

L'OSEILLE

L'oseille est indispensable dans tous les jardins ; elle se multiplie par graines ou par division des touffes. On la cultive généralement en bordure. Il faut enlever régulièrement les tiges florales et rajeunir les plantes tous les quatre ans par la division des touffes.

LES ÉPINARDS

Les **épinards** exigent une terre abondamment fumée, pour donner de bons résultats. Les semis se font au printemps et à l'automne.

En raison de leur peu de valeur au point de vue nourriture, les épinards trouvent rarement leur place dans le jardin d'une ferme ou métairie.

POIRÉE OU BETTE A CARDE

Cette plante a une grande analogie avec la betterave; seulement elle n'est utilisée que pour ses feuilles. La variété *à carde* est la seule cultivée en Vendée, où les pétioles de ses feuilles, plus tendres et plus larges, se cuisent à l'eau salée et se mangent à la sauce blanche.

La **bette** ou **poirée** est une plante bisannuelle. On la sème en pépinière au printemps, et les jeunes plants sont ensuite placés à demeure, en laissant entre chaque pied une distance de 40 à 50 centimètres. La poirée ne fleurit qu'au printemps de la seconde année. On garde donc jusqu'à cette époque les pieds qui doivent donner de la graine.

PERSIL

Le **persil** vient dans tous les sols; mais il préfère les terres fraîches et légères. On peut le semer en tout temps, sauf pendant les gelées; sa graine ne lève qu'au bout d'un mois ou six semaines.

On cultive dans les jardins, outre le *persil commun*, le *persil frisé* et le *persil nain* très frisé. Cette dernière variété est remarquable par la beauté de ses feuilles et sa lenteur à monter.

CERFEUIL

Tous les terrains et toutes les expositions conviennent au **cerfeuil**, dont le défaut principal est de monter trop vite. On sème de février jusqu'en août-septembre. La variété frisée présente le grand avantage de ne pouvoir être confondue avec la *petite ciguë*, qui est un poison violent.

LE POURPIER

Le **pourpier** est mangé avec plaisir en salade, à la campagne, et a le mérite de pouvoir être consommé à une époque, où la plupart des végétaux qui fournissent d'autres salades sont montés à graine.

La graine du pourpier est très fine. On sème clair et à la volée, sans recouvrir, sur du terreau consommé ou sur une terre très meuble.

Les premiers semis ne doivent pas se faire avant le mois de mai.

4° Plantes cultivées pour leurs fruits et leurs graines.

Parmi les légumineuses qui servent à la nourriture de l'homme, on cultive, dans le potager, les **haricots**, les **pois** et les **fèves**, mais seulement pour obtenir des produits consommés avant leur complète maturité, la récolte des grains secs de ces mêmes plantes se faisant toujours dans les champs.

Toutes ces plantes, qui ont l'avantage de puiser dans l'atmosphère, une partie des éléments qui leur sont nécessaires, préfèrent les vieilles fumures aux fumures neuves, ces dernières présentant l'inconvénient de favoriser le développement des feuilles, au détriment du grain. Les engrais minéraux non azotés, et notamment le superphosphate de chaux, leur conviennent spécialement.

LES HARICOTS

Les **haricots** étant très sensibles au froid, les premiers semis se feront au plus tôt fin d'avril ou au commencement de mai, lorsque les gelées ne sont plus à craindre. On sème soit *en lignes*, soit *en touffes*. Les semis en lignes sont préférables dans les sols un peu humides, parce que l'air circulant plus facilement, les haricots sont moins exposés à pourrir.

Fig. 15. — Haricot nain.

Quand le moment est venu de récolter les *haricots verts*, il est recommandé de ne laisser, sur le pied, aucune des gousses assez avancées pour être cueillies, la floraison et la production devant forcément s'arrêter, si on laisse les premières cosses formées se remplir et mûrir. La cueillette doit se faire tous les deux ou trois jours. Les premiers haricots verts ou *aiguilles* sont récoltés deux mois et demi ou trois mois après le semis.

Les haricots se divisent en *haricots à rames et haricots nains*.

LES POIS

De même que les haricots, les **pois** se divisent en *pois nains* et *pois à rames;* mais ce sont ces derniers surtout que l'on cultive dans les jardins, pour être consommés en vert, à l'état de *petits pois.*

Les pois prospèrent un peu dans tous les sols, mais surtout dans les terres légères. Si le sol est suffisamment fertile, on peut les semer sur une fumure de l'année précédente; ils s'élèvent moins haut et se garnissent de nombreuses gousses.

Fig. 16. — Gousses de pois.

On sème les pois en rayons espacés de 20 à 30 centimètres.

Les premiers semis faits vers la fin de novembre, afin d'obtenir des pois de primeur au printemps, sont quelquefois atteints par les gelées; mais, au printemps, de nouvelles pousses sortent du collet de la racine, et ces semis, malgré le retard qu'ils subissent, arrivent souvent à devancer, de quelques jours, ceux que l'on fait en février. On choisira, pour ces semis, aussi bien ceux de novembre que ceux de février, des terrains bien exposés.

En échelonnant successivement les semis de pois, à vingt-cinq ou trente jours les uns des autres, à partir du printemps, on pourra toujours être pourvu de cet excellent légume.

La récolte des pois verts se fait au fur et à mesure du développement des gousses; plus elle sera fréquente et bien complète, plus la production se prolongera.

LES FÈVES

La fève ne tient jamais une bien grande place dans le jardin potager. On la sème *en lignes* ou *par touffes*, du 15 février au 15 avril ; elle se contente à peu près de tous les terrains. Quand les cosses du milieu de la tige sont bien formées, on supprime le sommet avec ses fleurs qui ne doivent pas donner de grains ; ce retranchement hâte la formation des fèves dans les cosses inférieures.

Beaucoup de personnes ont l'habitude de consommer les fèves très jeunes ; on peut, en coupant tout de suite les tiges, obtenir, si la saison est favorable, une seconde récolte, produite par les nouvelles tiges qui repousseront du sol.

ARTICHAUT

Cette excellente plante, dont les produits sont de plus en plus appréciés dans les campagnes, et qui supporte assez facilement les rigueurs de l'hiver, pour peu qu'on prenne les précautions nécessaires, mérite d'avoir sa place dans le potager de la moindre ferme.

Fig. 17. — Artichaut.

Pour fournir de bonnes récoltes, un carré d'artichauts doit être renouvelé tous les quatre ou cinq ans. On multiplie l'artichaut par la séparation de *rejetons* ou *œilletons* détachés au printemps, du pied des anciennes souches. La terre pour la plantation doit être préparée par un labour profond et une forte fumure. On plante les œilletons soit en carré, soit en quinconce, mais toujours à un mètre de distance les uns des autres.

Pour conserver les artichauts durant l'hiver, on commence par les *butter*, en choisissant pour faire ce travail un temps sec, afin que la terre réunie autour de chaque touffe, dont on aura préalablement raccourci les feuilles, soit, autant que possible, exempte d'humidité. Ce travail terminé, on répand dans les intervalles des artichauts buttés une certaine quantité de feuilles ou de fumier paillé.

Tant qu'il ne gèle pas, le centre des touffes d'artichauts doit rester découvert; mais si des gelées sérieuses surviennent, il faut couvrir davantage, sauf à découvrir, quand la température devient plus douce, afin d'éviter l'étiolement et la pourriture. Au retour du printemps, les buttes sont démontées, le sol nivelé, et l'on œilletonnera les touffes, en laissant à chacune deux ou trois des plus beaux œilletons pour la production annuelle.

Quand les artichauts ont donné leur récolte, les tiges doivent être coupées au niveau du sol, au collet de la racine.

La variété qui convient mieux dans la région est le *gros camus de Bretagne*, appelé aussi *camard d'Angers* ou *de Niort*.

L'ASPERGE

Le terrain qui convient le mieux pour l'asperge est un sol frais sans être humide, plutôt léger que compact, soigneusement ameubli et fortement fumé.

La multiplication se fait à l'aide de *griffes*, que l'on

dispose le plus souvent *en carré* ou *en quinconce*, soit dans des fosses dont on enlève la terre pour la remplacer par des engrais et d'autre terre meilleure, soit en se bornant à fumer sérieusement et à labourer à fond le terrain tout entier, ou seulement les planches destinées à recevoir les plants.

C'est cette dernière disposition qui convient pour un jardin de ferme toujours un peu encombré, en se contentant même d'une plantation par rangs isolés, qui procure plus d'air et en même temps plus de nourriture aux plantes.

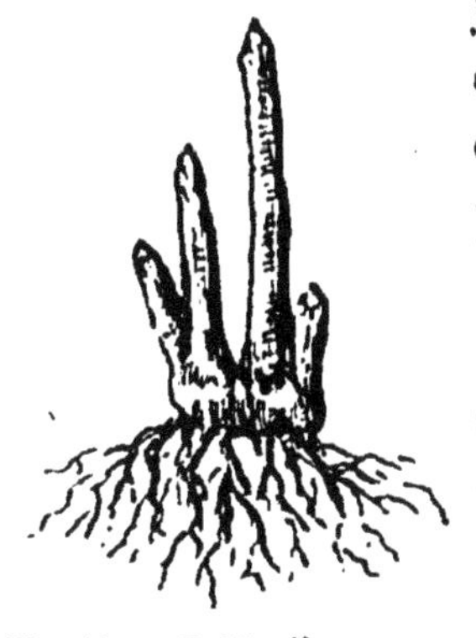
Fig. 18. — Griffe d'asperge.

Une fois la ligne tracée, on creusera une tranchée de 40 centimètres de large sur 20 centimètres de profondeur, dont le fond sera fortement fumé, puis labouré; on marquera à la distance qu'on aura choisie, 50 centimètres environ, l'emplacement réservé à chaque griffe, puis on procédera à la plantation. Ce travail se fait de la manière suivante : on forme une petite butte de terre, avec les mains, au milieu de la tranchée; on place ensuite la griffe sur le sommet, les racines bien étalées; puis on recouvre ces dernières avec du terreau préparé à l'avance, en appuyant légèrement. On termine l'opération en recouvrant le tout de terre, jusqu'à 5 centimètres environ du niveau du sol. Aussitôt la plantation terminée, on placera, à côté de chaque griffe mise en terre, un piquet destiné à en indiquer la place pour éviter qu'on ne la blesse en donnant les binages et sarclages.

Le moment le plus favorable pour la plantation des griffes d'asperge est la fin de février ou le commencement de mars, quand la terre est un peu ressuyée et par un temps sec.

Ce n'est qu'à la troisième pousse que l'on peut couper quelques-unes des plus belles asperges, mais il vaut mieux attendre l'année suivante.

La planche de terrain consacrée aux asperges sera soigneusement labourée chaque année à la fourche, puis binée et sarclée, et fumée tous les deux ou trois ans.

L'asperge ne craint ni le froid ni la gelée ; on peut la découvrir, sans aucun inconvénient, à l'entrée de l'hiver, et on évitera ainsi la tendance qu'ont les racines à *remonter*, pour se mettre en contact avec l'air.

La récolte commence en avril et doit cesser vers le 24 juin.

LE MELON

Il est rare que le **melon**, semé à l'air libre, ait dans notre région de l'Ouest, où les chaleurs ne sont jamais très grandes, le temps de bien mûrir son fruit ; aussi est-il indispensable d'avoir recours aux semis sur couche et sous châssis. On gagne ainsi un temps précieux, le plant qu'on aura obtenu par ce moyen se trouvant bon à être mis en place, au moment où la température extérieure permettrait seulement de confier les graines à la terre.

Fig. 10. — Melon cantaloup.

Le melon supportant très mal la transplantation, on sème la graine dans des pots de petite dimension, d'où la jeune plante sera facilement enlevée avec la motte. On sème de mars en avril, en plaçant deux graines dans chaque pot, ce qui permettra de supprimer la plante la moins forte.

Dès que le melon a pris sa quatrième feuille, le moment est venu de commencer à le tailler. On se propose, en se livrant à cette opération, d'atteindre deux buts différents : faire naître les fruits le moins loin possible du collet de la racine, et hâter la maturité de ces mêmes fruits, en arrêtant la croissance des tiges qui pourraient se former au-dessus, de manière à ce que la sève du rameau qui les porte leur profite exclusivement.

Pour y arriver, on pince d'abord la pousse centrale du jeune plant, au-dessus de la quatrième feuille, ce qui fait développer deux pousses latérales; traitées de même quand elles auront atteint une dizaine de centimètres, ces dernières pousses donneront quatre rameaux que l'on arrête également à deux yeux, afin d'obtenir une troisième ramification, qui est ordinairement la dernière. On se contente ensuite de retrancher les branches surabondantes et de pincer celles qui s'allongent trop. On réduit, en même temps, le nombre des fruits à deux ou trois sur chaque pied.

Si on ne dispose pas de châssis, on peut semer sur place en mai, sur une couche sourde, en plaçant une cloche au-dessus. Si à l'automne on craint l'humidité, on facilitera la maturité des fruits en glissant au-dessous une tuile ou une planchette.

Parmi les nombreuses variétés de melons, la première place appartient sans contredit aux *cantaloups*, parmi lesquels on distingue : le *noir des Carmes*, le *Prescott*, le *cantaloup d'Alger*.

Pour les semis sur place, le *sucrin de Tours*.

CORNICHON ET CONCOMBRE

La culture du **cornichon**, légume qui n'est autre chose qu'une variété du **concombre**, dont on utilise le fruit encore jeune, n'occupera jamais qu'une bien petite place dans le jardin de la ferme, quelques plants devant largement suffire pour les besoins du ménage.

Pour une culture en pleine terre et à l'air, on fait une fosse plus ou moins large, que l'on emplira de fumier; on couvre ce dernier d'une couche de terre de 20 centimètres et l'on sème sur place en mai ou juin.

Lorsque la jeune plante est assez forte, on ajoute un peu de terreau, et on paille avec soin.

La taille du concombre à cornichons est très réduite; on se contente d'obtenir trois branches latérales, qu'on laisse s'allonger.

Il faut arroser souvent.

Le cornichon destiné à être conservé dans le vinaigre se cueille quand il atteint la grosseur d'un bon doigt. Il est, par suite, indispensable de les couper chaque jour.

Fig. 20. — Tomate rouge grosse lisse.

TOMATE

Cette plante annuelle qui, par ses tiges anguleuses et ses feuilles découpées, ressemble à la pomme de terre, est d'une culture très facile.

On sème sur couche ou simplement dans des pots ou baquets, que l'on placera à une bonne exposition, dans un endroit bien abrité; on met en place vers la fin d'avril ou au commencement de mai, au midi ou contre un mur. Il est nécessaire de soutenir les pieds de tomates à l'aide de piquets ou de simples baguettes, le long desquels on les attachera.

Les fruits un peu verts peuvent achever de mûrir sur un lit de paille. Il y a avantage, dans notre région, à donner la préférence aux variétés les plus hâtives.

FRAISIER

Tous les **fraisiers**, à l'exception d'un seul, le *fraisier de Gaillon*, qui forme de grosses touffes ou buissons, envoient tout autour d'eux des *filets* ou *coulants*, dont les nœuds s'enracinent en partie et produisent des plantes. Quand on n'a pas besoin de plant, on détruit les coulants, qui affaiblissent les pieds mères et nuisent à la récolte. Les coulants développés après la fructification sont les meilleurs pour la plantation. Le plant qu'ils produisent est bon à mettre en place en octobre.

Fig. 21. — Fraisier.

Le fraisier de Gaillon se multiplie par la division des touffes, au printemps et à l'automne.

La plantation des fraisiers se fait *en planches* ou *en bordure*, dans une terre bien ameublie et amendée avec du terreau et du fumier.

Les nombreuses variétés de fraisiers se groupent en deux classes bien distinctes : celle des *fraisiers remontants*, qui donnent dans la même année plusieurs récoltes successives, et celle des *fraisiers non remontants*, qui ne donnent qu'une seule récolte par an.

Dans la première classe, se trouve le *fraisier des Alpes* ou des *quatre-saisons*, dont la fraise est parfumée, d'un goût agréable et très productive.

On a obtenu, ces dernières années, des fraisiers à gros fruits, donnant une dernière récolte en août-septembre. Les meilleures variétés sont : le *fraisier de Saint-Joseph*, le *fraisier de Saint-Antoine-de-Padoue* et le *fraisier de Jeanne-d'Arc*.

LE GROSEILLIER

Le **groseillier** est presque toujours planté en bordure des carrés. Il en est de même du *framboisier*.

Cet arbrisseau est cultivé pour ses fruits, qui sont consommés frais ou employés à la fabrication des *confitures* ou de *gelées*. Le *groseillier noir* ou *cassis* sert à la fabrication de la liqueur qui porte ce nom.

Fig. 22. — Groseillier.

Il n'est pas d'arbuste dont la multiplication soit plus prompte et plus facile. Lorsqu'il est cultivé en buisson, chaque touffe donne, tous les ans, de nombreux rejetons enracinés, qui sont des sujets tout formés pour renouveler les plantes. Il se multiplie également par bouture. Il suffit pour cela de prendre un rameau de l'année, portant autant que possible un talon à sa base, et de l'enterrer de 8 à 10 centimètres.

FRAMBOISIER

Tous les terrains conviennent au **framboisier**, c'est-à-dire qu'il peut croître dans les plus mauvais ; mais il n'est vraiment productif que dans la bonne terre. Quoique la durée d'une bonne plantation de framboisiers puisse être indéfinie, si on ne lui refuse pas les fumures dont elle a besoin tous les deux ans, ce sous-arbrisseau ne vit cependant que par ses racines, qui émettent tous les ans des tiges nouvelles. Ces tiges meurent, après avoir donné une seule récolte ; elles sont remplacées par des *drageons* de l'année, qui disparaissent à leur tour, après avoir produit leurs fruits.

Fig. 23. — Framboisier.

La multiplication se fait par la séparation des drageons, qui sont toujours en grand nombre à chaque pied.

Lorsqu'on veut prolonger la durée de la récolte des framboisiers, on plante une rangée à l'exposition du midi et une autre à celle du nord. Les fruits de cette dernière rangée ne sont pas moins abondants, mais ils mûrissent plus tard.

On distingue deux groupes de framboisiers : dans le premier sont rangées les variétés qui ne donnent qu'une seule récolte ; le second comprend les framboisiers *remontants*, parmi lesquels on peut citer la variété *Belle de Fontenay*, très productive, et celle appelée *Merveille des quatre saisons*.

LES FLEURS ET LES PLANTES D'ORNEMENT

On désigne, sous ce nom, toutes les plantes que l'on cultive pour l'embellissement des jardins ou l'ornementation des appartements.

Les seuls procédés auxquels on puisse avoir recours dans une ferme, pour la multiplication de ces plantes, sont les *semis*, les *boutures* et les *marcottes*.

SEMIS

Certaines plantes peu délicates se trouvent très bien du semis en plein air, dans une terre suffisamment ameublie et bien fumée ; mais d'autres, plus susceptibles, à graines très fines, réussissent mieux sur une *couche sourde* chargée d'un excellent terreau, dans lequel les racines pourront se développer à l'aise et former une grande abondance de chevelu.

Pour monter une *couche sourde,* on ouvre en terre une tranchée de la dimension qui sera jugée nécessaire, profonde de 25 à 30 centimètres, que l'on remplit d'une couche de fumier en mélange avec des feuilles récemment tombées ou autres substances végétales, capables de donner une chaleur douce et longtemps prolongée; le tout est bien tassé et convenablement humecté. Cette couche sera recouverte d'un lit plus ou moins épais de terreau mélangé à de la terre de jardin riche en humus et bien tamisée.

Certaines graines très fines, qui demandent à être à peine couvertes, peuvent avec avantage être semées en pot, et, pour éviter que les arrosements déplacent les graines, on arrosera la terre avant d'effectuer les semis, et on recouvrira ensuite le pot avec un simple morceau de verre.

BOUTURES

Les **boutures** peuvent être faites soit à l'air libre, soit sous cloche, dans les mêmes conditions que les semis sur couche sourde.

Pour faire une bouture, on prend un rameau ou une jeune pousse de la plante qu'on veut multiplier, que l'on coupe juste au ras de la tige qui lui a donné naissance, et à laquelle on conserve, s'il est possible, l'empattement ou talon qui se trouve à sa base. On plante ensuite, en tassant bien la terre autour de la bouture. La longueur de cette dernière varie suivant l'espacement des feuilles ou des yeux.

Une fois les boutures plantées, il faut arroser et maintenir la terre toujours fraîche.

Les boutures se font soit au printemps, soit en septembre-octobre.

MARCOTTAGE

Le **marcottage** consiste à maintenir une partie d'une plante en terre jusqu'à ce que des racines s'y soient développées, moment où on peut la détacher sans inconvénient du pied mère.

Pour faciliter le développement des racines, la terre sera arrosée de temps en temps et maintenue fraîche sous une couche de feuilles ou débris quelconques.

PLANTES EN POTS

La terre des plantes en pots doit être fertile et peu compacte, de manière à ce que les racines puissent se développer facilement, et que la terre ne se tasse pas trop fortement à la suite des arrosages.

Une bonne précaution à prendre, pour maintenir l'ameublissement de la couche supérieure, sera de recouvrir le dessus du pot d'un léger paillis.

Les fleurs à la ferme.

Dans presque toutes nos campagnes où, par suite du peu d'importance des exploitations, la fermière ou métayère est tenue de faire face elle-même aux soins du ménage et de la basse-cour, et parfois de passer une partie de ses journées dans les champs, la culture des fleurs sera bien souvent la moindre de ses préoccupations.

Il y a cependant d'heureuses exceptions qui montrent que toute personne, ayant le goût des fleurs, arrivera sans trop de peine à leur assurer les soins nécessaires, et il est à souhaiter que ce bon exemple donné soit de plus en plus suivi.

Parmi les fleurs de pleine terre les plus courantes qui, en raison des légers soins d'entretien qu'elles réclament, seront à leur place dans le jardin le plus modeste, figurent les suivantes :

1° Plantes vivaces.

Les *rosiers*, qui peuvent se propager par la greffe sur des églantiers ou par boutures, les *iris* des jardins, les *chrysanthèmes*, les *corbeilles d'argent*, le *coréopsis*, l'*hellébore* (*rose de Noël*), le *lupin* à fleurs panachées, les *œillets* des fleuristes, les *pivoines*, les *violettes*, etc.

2° Plantes bisannuelles.

Les *pensées*, le *muflier à grandes fleurs*, *giroflée des murailles*, *rose trémière* ou *passe-rose*, les *œillets de poète*, *scabieuse des jardins*.

3° Plantes annuelles.

Le *réséda*, le *pavot*, les *soleils*, le *collinsia bicolore*, les *marguerites-reines*, les *gaillardes*, *centaurée Barbeau*, *pétunias*, *capucines*.

4° Plantes demandant à être rentrées l'hiver.

Les *géraniums*, *verveines*, *héliotropes*, *fuchsias*.

IV

LA FEMME A LA MAISON

CHAUFFAGE — ÉCLAIRAGE PRÉPARATION DES ALIMENTS — COUTURE ENTRETIEN DU LINGE — TENUE DU MÉNAGE

Le bois est le seul combustible en usage dans les fermes de la région. Il est fourni par les branches des arbres qui garnissent les haies et qui sont exploités, pour la plupart, sous forme de *têtards* dont on coupe les pousses tous les cinq, sept ou neuf ans, suivant les règles établies.

A ces branches, mises en fagots, viennent s'ajouter, dans la saison d'hiver, quelques stères de bûches provenant du tronc des arbres réformés.

Le froid n'étant jamais très rigoureux en Vendée, il est très rare que, dans la journée, les gens de la maison, tous occupés à l'extérieur ou dans les étables, éprouvent le besoin de s'approcher du feu. Si ce dernier reste allumé, c'est surtout pour que les vieillards et les enfants puissent venir s'y réchauffer; mais les choses changent complètement dès que la veillée commence. A partir de ce moment-là, membres de la famille et serviteurs font cercle autour de la grande cheminée, où quelques brassées de menu bois, tenues en réserve et jetées de loin en loin, produisent de belles flambées qui donnent à la fois chaleur et gaieté.

Ce n'est guère que dans les villes ou les centres un peu importants que, par suite de la difficulté de se procurer du bois, quelques ménages d'ouvriers utilisent le charbon de terre ou le coke, qui constituent un chauffage économique.

On désigne, sous le nom de *coke*, le résidu que donne la houille, après sa calcination en vase clos, pour en extraire le gaz à éclairage. Le coke donne une grande chaleur; mais il ne brûle que sous l'action d'un fort courant d'air.

Si, pour une cause ou une autre, on est amené à se servir de charbon de terre pour faire la cuisine, il sera indispensable de se procurer un fourneau dit économique, dont il existe de nombreux modèles. Mais on évitera, quand il s'agira d'une cuisine de ferme, de le placer dans l'intérieur de la cheminée, cette dernière devant rester libre pour la cuisson des gros légumes, la préparation des chaudronnées et les feux de la veillée.

Dans le but de ménager le bois, dont le prix tend à s'élever de plus en plus, on utilise encore comme combustible, pendant la saison d'été, la partie du tronc du chou fourrager qui reste en terre et que la charrue soulève lors du premier labour donné au printemps. Ces racines, bien secouées avec le râteau, sèchent sur le terrain, puis on les réunit en tas dans la cour de la ferme.

Ces pieds de choux brûlent facilement et rendent de réels services; ils ont cependant l'inconvénient de dégager une forte odeur quand ils ne sont pas absolument secs.

Dans la région du Marais où le bois fait complètement défaut, l'usage s'est également établi de faire brûler les fientes des animaux qui vivent dans les pâturages, fientes que l'on a soin de ramasser et de faire sécher.

Ce combustible laisse beaucoup à désirer, en raison d'abord du peu de chaleur qu'il donne et de la mauvaise odeur qu'il communique aux mets que l'on prépare, puis de la façon sourde et lente dont il brûle.

Ce sont les cendres, provenant de la combustion de ces fientes de bœuf et de vache, qui constituent l'engrais connu dans le pays sous le nom de *cendre de Marais*.

Les vastes cheminées de ferme, dont le manteau est presque toujours un peu élevé, forment un excellent système de ventilation continue qui a les plus heureux résultats, étant donné le nombre de personnes qui se trouvent réunis, à certains moments de la journée, dans la pièce principale qui porte le nom de *maison;* mais elles ont quelquefois le défaut de fumer. On peut remédier, dans une certaine mesure, à cet inconvénient, en rétrécissant la cheminée par le haut et en lui donnant un peu plus d'élévation.

On sait en effet que le *tirage* d'une cheminée est dû à ce que la couche d'air qui se trouve immédiatement en contact avec le feu qu'on vient d'allumer, se dilate et, devenue par suite plus légère, s'élève en réchauffant les couches supérieures qui montent à leur tour et se déversent dans l'atmosphère.

Comme conséquence de ce mouvement, l'air contenu dans la pièce afflue vers le tuyau, alors que lui-même est remplacé par l'air du dehors, qui pénètre par les joints des portes et fenêtres.

Lorsque le courant d'air de la pièce vers la cheminée et de cette dernière dans l'atmosphère est régulier, la cheminée fonctionne bien.

Si par suite d'un défaut de construction, le conduit est trop large, la couche d'air ne peut être réchauffée d'une manière uniforme, le mouvement d'ascension est moins rapide, les gaz qui se forment dans la combustion n'étant pas suffisants pour activer le tirage, au moindre vent qui agit à l'extrémité de la cheminée, la fumée reflue à l'intérieur.

Éclairage.

De grands progrès ont été réalisés, depuis quelques années, dans le mode d'éclairage en usage dans les fermes, où il n'est plus question de chandelle de suif et même de bougie, sans parler de la chandelle de résine que chaque ménagère fabriquait autrefois, et qui n'existe plus guère qu'à l'état de souvenir.

Pétrole. — Aujourd'hui le produit le plus répandu est le *pétrole* ou *huile minérale*, qui permet l'emploi de lampes d'un modèle excessivement simple. Ces dernières se composent d'un récipient en métal ou faïence dans lequel trempe une mèche dont la partie supérieure est maintenue par un bec en cuivre. Au-dessus de ce bec vient se placer un verre évasé du bas, d'un diamètre plus ou moins grand, suivant le calibre de la lampe, et le tout est surmonté d'un abat-jour. Ce verre n'a pas seulement pour but de protéger la flamme contre les courants d'air, mais aussi de faire arriver, au-dessous du point de combustion, la quantité d'air nécessaire à cette opération et empêcher que la flamme reste *fumeuse*.

Le modèle à suspension est celui qui convient le mieux pour une ferme.

Pour aller et venir ou pour éclairer les écuries, rien n'est préférable à la lanterne dite *tempête*, alimentée également au pétrole. Elle n'éclaire pas énormément, mais elle s'éteint difficilement et, ce qui est important, ne présente aucun danger, au point de vue incendie.

Bien que le pétrole rectifié, tel qu'il est vendu par le commerce, soit qualifié d'*ininflammable*, il est prudent de ne pas en faire l'expérience.

Dans le cas où un accident se produit, ce qui se présente le plus souvent, lorsqu'on commet l'imprudence de remplir sa lampe la nuit, en s'éclairant d'une autre lumière, il faut bien se garder de chercher à éteindre le feu avec de l'eau.

Le pétrole, en effet, resterait enflammé, au-dessus de l'eau que l'on aurait répandue, et ne pourrait que propager l'incendie. La seule chose à faire est de chercher à étouffer la flamme, sous des couvertures de laine ou des torchons humides, ou en jetant de la terre ou du sable dessus.

Dans le cas où le feu prendrait aux vêtements, il faudra bien se garder de courir, mais se rouler, en toute hâte, par terre, afin d'étouffer les flammes.

La mèche des lampes à pétrole ne sera jamais coupée; il suffira d'enlever les parties calcinées avec un papier, ou mieux avec un linge.

Au début de l'allumage, il importe de bien régler la lampe pour qu'elle éclaire suffisamment sans *filer*.

Comme en s'échauffant le tirage est plus actif, une lampe bien réglée au début peut ne plus l'être un instant après; il y aura lieu de la surveiller.

Lorsqu'une lampe commence à être sale à l'extérieur, on la nettoie avec de la lessive chaude, en ayant soin de bien la faire sécher avant de la remplir à nouveau de pétrole.

Essence de pétrole. — L'essence de pétrole que l'on désigne aussi sous le nom de *Luciline, gaz Mill*, est un liquide extrêmement inflammable que l'on extrait du pétrole, et qui doit être manié avec la plus grande prudence.

L'essence de pétrole destinée à l'éclairage est introduite dans des lampes garnies à l'intérieur d'une éponge, et dont le type le plus parfait jusqu'à ce jour est la lampe dite *Pigeon*.

Ce sont les vapeurs qui se dégagent du liquide en question, qui brûlent à l'extrémité de la mèche.

Ces lampes s'éteignent facilement, aussi est-il indispensable, si elles doivent être transportées d'un endroit à un autre, de les munir d'un globe spécial destiné à protéger la flamme contre les courants d'air.

L'essence de pétrole est un produit excessivement dangereux ; on ne devra jamais, sous aucun prétexte, l'introduire dans une lampe à proximité d'une lumière ou d'un foyer quelconque.

Cuisine.

Il est très rare que, dans les fermes, il se trouve une pièce spéciale exclusivement réservée à la préparation et à la cuisson des aliments. Presque toujours, cette double opération se fait dans la chambre principale qui sert en même temps de salle à manger pour les personnes, et dans laquelle se trouvent les lits des principaux membres de la famille. Mais, comme l'espace manquerait à la ménagère, à cette pièce s'en ajoute, un peu partout, une autre moins importante, où sera installé un *évier* destiné à recevoir les eaux, et où on procédera au lavage de la vaisselle. C'est également là que sont rangés les différents ustensiles nécessaires pour faire la cuisine : marmites, pots de terre, poêles à frire de différentes dimensions, et qu'est mise en réserve, dans un vieux buffet ou dans une armoire destinée à cet usage, la vaisselle du ménage.

Les seuls meubles de cuisine qui doivent trouver place dans la *maison* sont : la *salière* et un *buffet*, dont au moins un compartiment sera réservé aux torchons, nappes et essuie-mains. Ce buffet est presque toujours surmonté d'un *dressoir* garni d'assiettes plus ou moins décorées, et de tasses avec leurs soucoupes.

Dans un coin, se trouve encore un fourneau construit en briques, ayant au moins deux trous garnis de grilles, sur lesquels on place des plats ou casseroles.

Le rôle de ce fourneau, que l'on alimente avec la braise de la cheminée et un peu de charbon de bois, est bien diminué, depuis que les écrémeuses ont pénétré dans les moindres exploitations.

C'est, en effet, sur le fourneau qu'étaient portées à une température suffisante, les terrines de lait où se recueillait la crême dite chauffée.

Dans les nouvelles constructions, l'espace est évidemment moins limité ; mais bien des progrès restent encore à réaliser sous ce rapport, et il appartient à la maitresse de maison de tirer le meilleur parti de l'emplacement dont elle dispose.

Une condition essentielle pour que la propreté règne partout, et qu'elle est en droit de réclamer, c'est que le sol des pièces en question, qu'il soit recouvert de carreaux, d'un pavage en pierre, d'une couche de béton ou ciment, soit rendu suffisamment imperméable pour supporter les lavages à grande eau, et que le conduit de l'évier soit établi de telle façon que, quoi qu'il arrive, les eaux ménagères s'écoulent toujours facilement au dehors.

Ces carrelages, dallages, bétons cimentés ou non, devront être d'autant plus résistants que l'obligation où se trouvent les travailleurs de porter, presque toute l'année, des sabots soigneusement ferrés, contribue à les user très rapidement.

Les aliments.

On comprend, sous le nom un peu général d'**aliments**, les matières qui sont absorbées pour compenser les pertes que nous subissons continuellement et pour contribuer, lorsqu'il y a lieu, au développement même de notre être.

C'est grâce aux aliments que la chaleur du corps se maintient et qu'il est possible à l'homme d'exercer un effort quelconque.

L'homme qui effectue un travail dépensera plus que celui qui reste oisif, et par travail il ne faut pas entendre seulement celui qui donne lieu à un effort physique plus ou moins prolongé, mais aussi le travail intellectuel, qui exige une alimentation aussi abondante que le premier, mais autrement constituée, c'est-à-dire contenant la même valeur nutritive sous un moindre volume.

L'homme qui vit dans les champs, doué d'un meilleur appétit, digérera plus facilement une quantité plus grande d'aliments moins riches.

Mais il y a lieu, pour la proportion à établir, de tenir compte du climat sous lequel on est appelé à vivre, la quantité de viande et de graisse devant être plus élevée dans les pays froids que dans les pays chauds.

Dans notre région à climat tempéré, la nourriture des populations agricoles peut, sans le moindre inconvénient, être empruntée, en grande partie, au règne végétal; et l'habitude prise de consommer une grande quantité de légumes divers est tellement passée dans les usages, que toute modification un peu sérieuse faite sous ce rapport n'est pas facilement acceptée.

En tenant compte seulement des qualités nutritives, les aliments peuvent être classés comme il suit :

1° Le lait, les œufs, les différentes viandes de boucherie, bœuf, veau, mouton, porc, le gibier, les volailles ;

2° les différents poissons ;

3° les légumes secs ;

4° Les légumes verts et les fruits.

Ces mêmes aliments considérés au point de vue de la digestibilité, c'est-à-dire de leur aptitude à être digérés, se placent dans l'ordre suivant :

Le lait ; les œufs légèrement cuits ; les fruits bien mûrs ou préparés sous forme de compote ; les légumes verts ; certains poissons à la chair peu chargée de matières grasses, comme la sole ; les volailles à chair blanche ; les différentes viandes de boucherie : bœuf, mouton, veau, grillées ou rôties ; le gibier : lièvre, lapin ; le porc salé ; les légumes secs : haricots, lentilles et pois.

Les propriétés nutritives et digestives des aliments dépendent beaucoup de la façon dont ils sont préparés. Un œuf à la coque légèrement cuit, par exemple, est beaucoup plus digestif qu'un œuf devenu dur à la cuisson. De même les viandes rôties ou grillées qui, grâce à ce mode de cuisson, n'ont rien perdu de ce qui les constituait, sont à la fois plus nourrissantes et plus digestives que le bœuf bouilli.

Condiments. — On désigne, sous le nom général de *condiments*, certaines substances que l'on associe aux aliments pour les rendre plus agréables au goût et, d'autre part, en rendre la digestion plus facile.

Les principaux sont : le *sel*, le *poivre*, le *vinaigre*, le *sucre*, etc.

Le *sel* est l'assaisonnement par excellence ; il excite l'appétit en relevant le goût des légumes et des viandes et favorise la digestion ; c'est un condiment indispensable.

Le *poivre* facilite également la digestion, mais son emploi en cuisine doit être assez limité ; on le réserve surtout pour certains mets qui demandent à être fortement épicés. Le poivre ne convient pas à tous les tempéraments.

Le *vinaigre*, dont la consommation est plus grande en été, est précieux pour l'assaisonnement des salades. Le meilleur vinaigre est le vinaigre de vin et, de préférence, celui qu'avec un peu de soin on peut fabriquer chez soi.

Le *sucre* est non seulement un condiment dont l'emploi est recommandé pour les laitages et pour tempérer l'acidité de certains fruits, mais aussi par lui-même un aliment.

Le pain.

La fabrication du pain est à peu près générale, dans les ménages un peu nombreux, à la campagne, et la seule farine employée actuellement, sauf de très rares exceptions, est la farine de froment, provenant du grain récolté sur l'exploitation.

Ce grain est ordinairement transformé en farine par le meunier voisin, qui vient le chercher chez le cultivateur et le retourne soigneusement moulu, quelques jours après.

La quantité de farine obtenue d'une même quantité de blé varie beaucoup suivant la perfection avec laquelle s'est fait le travail.

Le déchet constitué par l'écorce du grain étant de 25 0/0

environ, 100 kilogrammes de blé doivent donner de 70 à 75 kilogrammes de farine, et le surplus en son.

Comme la farine récemment moulue donne moins de pain que celle qui est moulue depuis quinze jours et même plus, il est toujours préférable d'avoir une provision à l'avance.

L'usage s'est maintenu pendant longtemps, pour le pain de ménage, d'associer à la farine de froment un quart ou un tiers de farine de seigle, ce qui rendait le pain plus rafraîchissant et moins prompt à se dessécher pendant les chaleurs; mais la culture du seigle ayant cessé à peu près partout, cette association des deux farines devient de plus en plus rare.

Une première opération s'impose, quand on veut faire le pain : c'est de préparer le *levain*, sorte de *ferment* que l'on introduit dans la pâte pour la rendre plus légère, par suite plus digestive, et en assurer aussi la conservation.

Le levain est constitué par un restant de pâte conservé dans un endroit à température modérée et que l'on délaye, la veille du jour où l'on doit faire le pain, dans l'eau froide en été et dans l'eau chaude en hiver, et qu'on place au milieu d'une certaine quantité de farine, dans un coin de la *maie* ou *pétrin*.

Cette quantité pourra être, en été, le tiers de la farine que l'on doit employer, et la moitié en hiver.

Un levain bien réussi doit avoir doublé de volume, au bout de quelques heures et répandre une odeur légèrement vineuse.

Lorsque le moment est venu de procéder au pétrissage, on écarte la farine dans laquelle a été placé le levain ; on démêle rapidement ce dernier, en versant à différentes reprises l'eau nécessaire, pour le mélanger peu à peu avec la totalité de la farine employée. Ce n'est que, lorsque la pâte a été complètement brassée et travaillée et présente une consistance convenable, qu'après l'avoir réunie à une des extrémités de la maie, on la divise, à l'aide d'un *coupe-pâte*, en autant de portions qu'on désire; puis chacune de ces portions, soigneusement roulée dans la farine, est enlevée avec les mains et placée dans une corbeille préalablement garnie d'un linge.

C'est à ce moment-là, si on veut avoir un pain d'un poids déterminé, qu'on pèse la pâte, en tenant compte que cette dernière perdra au moins un dixième par pain rond de 6 kilogrammes, et jusqu'à un septième et un sixième pour des pains de 1 kilogramme et d'un poids moindre.

Pour saler le pain, on fait fondre le sel dans l'eau qui doit servir au pétrissage. La dose varie suivant le goût des personnes. Deux kilogrammes de sel peuvent saler convenablement 108 kilogrammes de pain.

Une fois la pâte placée dans les corbeilles, on range ces dernières les unes à côté des autres et on les couvre, suivant la saison, d'une simple toile ou d'une couverture, pour que la fermentation se fasse dans de bonnes conditions.

Lorsqu'on s'aperçoit que la fermentation est en bonne voie, on allume le four.

Quand ce dernier est suffisamment chaud, on procède à l'*enfournement*, en faisant en sorte que les pains ne se touchent pas.

Cette opération faite, on se rend compte, un instant après, de la marche que suit la cuisson, laissant la porte ouverte, si on s'aperçoit que le pain prend un peu trop de couleur; en plaçant un peu de braise à l'entrée, si au contraire, il ne se colore pas assez. Une heure et demie suffit ordinairement pour la cuisson du gros pain.

Quand le pain est sorti du four, on le laisse refroidir sur une table, puis on le place dans un lieu sain et aéré.

Un excellent moyen, à la campagne, de conserver le pain est de le placer sur une sorte d'échelle fixée à plat, à une certaine distance du plafond. Exposé ainsi à l'air, il ne moisit pas.

ÉTUDE DES DIFFÉRENTS ALIMENTS LEUR PRÉPARATION

Soupes.

La soupe joue, à juste titre, un grand rôle dans l'alimentation à la campagne; elle parait, au moins deux fois par jour, sur la table et est toujours mangée avec plaisir.

Toutes les soupes ont pour base le pain et l'eau, auxquels on ajoute, suivant les cas, du beurre ou de la graisse, du sel, du poivre, des légumes et de la viande.

Soupes grasses et soupes maigres.

Le pot-au-feu ou soupe au bœuf. — Mettre de l'eau dans un pot de terre ou dans un pot de fer, même dans une marmite, avec un morceau de bœuf et le sel nécessaire; couvrir et faire un bon feu jusqu'à ce que l'ébullition se produise; ralentir le feu à partir de ce moment-là, mais en faisant en sorte qu'une légère ébullition se maintienne, jusqu'à cè que la cuisson soit parfaite. Enlever l'écume avec une écumoire, à mesure qu'elle se produit. Aussitôt que l'eau bout, ajouter des carottes, choux et choux-navets et poireaux.

Il convient, avant de tremper, de dégraisser le bouillon, en enlevant avec la cuiller la graisse qui surnage, puis on versera le bouillon, tout bouillant, sur le pain placé dans la soupière.

Il faut de cinq à six heures de cuisson pour le bœuf. S'il s'agit de viande plus tendre, trois à quatre heures suffisent.

La cuisson doit se faire lentement, et le vase, pot ou marmite, doit toujours être couvert.

La conservation du bouillon se fait bien dans un pot de terre, mais il faut avoir soin d'en ôter tous les légumes.

Le *bouillon de veau* ou *de volaille* se fait d'après les mêmes principes. S'il s'agit de bouillon pour malade, on se borne à ajouter quelques légumes très légers, de la laitue, par exemple. On fait cuire pendant deux ou trois heures.

Soupe au bœuf et au lard. — Ajouter un morceau de lard au bœuf, mettre le tout dans la marmite en même temps que l'eau, écumer un peu, puis, quand l'ébullition commencera à se produire, ajouter différents légumes, tels que carottes, choux, choux-navets, navets et poireaux.

Faire cuire pendant quatre heures; retirer les légumes pour les servir à part avec la viande et le lard, puis verser le bouillon sur le pain.

Soupe au lard. — Mettre de l'eau sur le feu et, dès qu'elle entrera en ébullition, y jeter un morceau de lard et de petit-salé; ajouter, un instant après, des choux bien égouttés et prolonger la cuisson, qui doit être très lente.

Quand la soupe n'est pas seulement aux choux et au lard, on y ajoute des carottes, choux-navets, poireaux, etc.

Soupe aux choux et aux légumes. — C'est la soupe préférée dans tout l'ouest, où les légumes abondent et sont d'excellente qualité. Leur grande variété permet même d'en modifier le goût et la saveur, suivant les saisons et au goût de ceux qui la consomment.

Les légumes les plus couramment employés sont d'abord les différents choux pommés, auxquels on ajoute, en plus ou moins grande proportion, quelques carottes, des choux-navets, poireaux, pommes de terre.

Tous ces légumes coupés en morceaux, lavés et bien égouttés, sont placés dans la marmite, au moment où l'eau entre en ébullition, et c'est seulement, quand ils sont à peu près cuits, que l'on ajoute la quantité de beurre nécessaire; on sale et on poivre, puis on laisse bouillir jusqu'à ce que la cuisson soit complète.

Si on a mis des pommes de terre, on les enlèvera, lorsque le moment sera venu de tremper la soupe, pour les écraser dans la cuiller et les remettre ensuite dans le bouillon. Quant aux autres légumes, une fois le bouillon versé, ils sont placés sur le pain.

Quoique une demi-heure ou trois quarts d'heure suffisent pour cuire les légumes, il vaut toujours mieux prolonger la cuisson plus longtemps.

Cette soupe sera même meilleure réchauffée, et, si on dispose d'une marmite suffisamment grande, il y aura économie à en faire pour deux jours, en ayant soin, l'été, de faire bouillir à nouveau le lendemain pour tuer les ferments qui pourraient se développer.

Si, comme il est facile de le faire, on met, au lieu de pommes de terre, des haricots ou *mojettes* qui jouissent d'une grande faveur dans toute la contrée, on obtient un bouillon beaucoup plus nutritif.

Ces haricots doivent avoir subi un commencement de cuisson, avant d'être ajoutés aux autres légumes.

Soupe aux choux verts. — On prend de jeunes pousses de choux fourragers, ou mieux, si on a le choix, de jeunes feuilles de choux verts de jardin, et on les lave; on fait bouillir de l'eau à laquelle on ajoute la valeur d'une cuillerée de farine détrempée; on met ensuite les choux, on sale et un instant après on ajoute du beurre. Si on a soin de saler avant de mettre les choux, ces derniers sont plus verts.

La farine que l'on ajoute a pour but de donner plus de corps au bouillon et atténue légèrement le goût, un peu âcre, du chou.

Les feuilles ou jeunes pousses de choux, qui ont servi à faire la soupe, peuvent être versées en partie sur le pain ou servies séparément. Dans ce dernier cas, on les mangera avec du beurre.

Soupe aux poireaux. — Faire choix de poireaux bien blancs, qu'on épluchera avec soin, les couper en petits morceaux, les faire revenir dans le beurre, puis les faire cuire en ajoutant l'eau nécessaire et saler.

On peut aussi, lorsque les poireaux sont coupés en morceaux, les mettre à cuire à l'eau bouillante avec sel, poivre et beurre.

Soupe à l'oignon. — Faire fondre un morceau de beurre dans une casserole, faire roussir et ajouter un oignon haché bien menu, qu'on laissera également roussir. Verser ensuite de l'eau bouillante, saler et poivrer, puis tremper au bout de quelques instants.

Dans le cas où l'oignon roussi ne plairait pas, le séparer à l'aide d'une passoire.

Soupe à l'oseille. — Éplucher avec soin une certaine quantité de feuilles d'oseille en rejetant les côtes, les laver avec soin, puis faire cuire avec un morceau de beurre dans une casserole, en remuant pour former une purée, et y ajouter, s'il y a lieu, un peu d'eau chaude. Quand l'oseille est bien cuite, mettre la quantité d'eau nécessaire, faire bouillir, saler et poivrer.

Soupe au potiron ou à la citrouille. — Prendre une ou plusieurs tranches de citrouille, enlever l'écorce et la partie adhérentes aux graines, couper ces tranches par morceaux assez menus, et jeter ces derniers dans l'eau bouillante préalablement salée; laisser cuire jusqu'à ce que la masse soit réduite en purée; ajouter du beurre et une bonne proportion de lait, puis tremper.

On peut aussi verser bouillant sur des croûtons de mie de pain passés au beurre.

Soupe julienne. — Couper en filaments très menus des carottes, navets, choux-navets et oignons; faire revenir ces légumes dans du beurre; mouiller avec du bouillon gras ou du bouillon de légumes; laisser cuire et saler.

Cette soupe se sert sans pain.

Soupe aux choux-navets et aux navets. — Peler ces racines, les couper en morceaux et les blanchir à grande eau, pour leur enlever leur goût prononcé; les mettre devant le feu, dans l'eau bouillante; laisser cuire, saler et faire réduire le bouillon.

Une demi-heure avant de servir, remplacer par du lait préalablement soumis à l'ébullition, l'eau qui se sera vaporisée, ajouter un morceau de beurre, laisser bouillir de nouveau et tremper.

Soupe à la panade. — Faire bouillir de l'eau dans une casserole avec une pincée de sel; couper des tranches de pain rassis, et les jeter dans l'eau bouillante avec un morceau de beurre; laisser cuire une heure environ, en ajoutant soit un jaune d'œuf, soit un peu de lait au moment de servir.

Soupe verte. — Prendre de l'oseille, du pourpier, du cerfeuil, du poireau, de la ciboule, de la laitue, et de la bette poirée. Hacher le tout menu, faire cuire avec un morceau de beurre et tourner avec soin. Quand on jugera que le mélange est assez cuit, verser dans la marmite la quantité d'eau nécessaire, de préférence de l'eau bouillante; saler et laisser bouillir une demi-heure, puis tremper en ajoutant deux jaunes d'œufs délayés dans de la crème ou simplement dans du lait.

Soupe au bouillon de haricots verts. — Utiliser comme bouillon l'eau dans laquelle auront cuit les haricots verts; ajouter une poignée d'oseille et de cerfeuil, le tout haché très fin; saler s'il y a lieu, et poivrer; mettre en plus un peu de crème ou du lait avec un peu de beurre, et tremper.

Soupe au bouillon de haricots blancs. — L'eau qui a servi à cuire les graines fraîchement écossées de ce légume fait une excellente soupe, si on y ajoute un peu d'oseille hachée et un morceau de beurre; saler si cela est nécessaire et poivrer.

Les sauces.

Les **Sauces** servent à assaisonner les différents mets préparés pour les repas. Elles se composent généralement d'eau, de bouillon ou de lait avec beurre, épices, *bouquet garni*, et un peu de farine.

Le rôle de la farine est de donner du corps aux différentes sauces, par suite de la propriété que possède l'amidon qu'elle contient, de se gonfler sous l'action de la chaleur et en présence de l'eau.

On entend, par *bouquet garni*, la réunion de quelques plantes aromatiques, *cerfeuil, persil, thym, feuilles de laurier*, etc.

On appelle *liaison* un mélange d'un ou plusieurs jaunes d'œufs avec un peu de sauce ou de bouillon, qui a pour but d'épaissir les sauces.

Une sauce qui demande à être liée doit recevoir sa *liaison* aussitôt qu'elle est retirée du feu. On verse doucement sans cesser de remuer.

Sauce au roux. — Mettre du beurre dans une casserole, faire chauffer, ajouter un peu de farine et remuer avec une cuiller jusqu'à ce que le tout ait pris une belle couleur rousse. Verser alors doucement, en continuant à remuer, la quantité d'eau ou de bouillon qu'on jugera nécessaire. Lorsque le mélange est bien fait, ajouter la viande et les légumes préparés à l'avance, puis laisser cuire lentement pendant un quart d'heure.

Pour donner le goût de l'oignon ou du persil, faire cuire ces derniers dans le beurre, avant de mettre la farine, les retirer à l'aide d'une écumoire, puis les ajouter aux légumes.

Sauce blanche. — Faire fondre le beurre en chauffant très légèrement ; ajouter de la farine, un peu d'eau chaude, du poivre, du sel et délayer parfaitement le tout. Remettre ensuite un instant sur le feu, toujours en remuant, jusqu'à ce que la sauce s'épaississe, puis retirer.

Cette sauce une fois faite, on peut y ajouter un filet de vinaigre.

Sauce piquante. — Préparer un roux, dans lequel on fait frire des oignons ou des échalotes, un peu de persil, le tout finement haché; saler et poivrer et mouiller avec de l'eau. Retirer du feu après une demi-heure de cuisson, et ajouter une cuillerée de vinaigre.

Sauce au beurre noir. — Faire fondre du beurre dans une casserole, le laisser sur le feu jusqu'à ce qu'il noircisse, ajouter un filet de vinaigre, du sel et du poivre.

Sauce aux oignons ou sauce Robert. — Couper en tranches plusieurs gros oignons, les mettre dans une casserole avec du beurre, sur un feu vif et couvrir. Remuer, de temps en temps, lorsque les oignons commencent à fondre; découvrir pour faire prendre un peu de couleur; ajouter de la farine, remuer un instant et mouiller ensuite avec du bouillon ou de l'eau; remuer à nouveau pour que tout soit bien mélangé, puis saler et poivrer. Quelques personnes ajoutent un peu de vinaigre.

Sauce à la tartare. — Mettre dans un vase deux jaunes d'œufs crus, une cuillerée de vinaigre, de la moutarde avec sel, poivre et quatre cuillerées d'huile; mêler le tout et faire prendre sur un feu très doux. Ajouter, s'il y a lieu, persil, ciboule, échalotes, le tout haché très fin.

Sauce à la poulette. — Mettre un peu d'eau dans une casserole, du beurre, une pincée de farine, du persil haché très fin, du sel, du poivre; tourner jusqu'à ce que la sauce commence à bouillir, puis ajouter des jaunes d'œufs et un peu de crème.

Sauce aux tomates. — Faire choix de tomates bien mûres, les peler et les mettre dans une casserole avec sel et poivre; tourner et laisser cuire, puis passer dans une passoire à gros trous; ajouter un peu de beurre et remettre cinq ou dix minutes sur le feu.

Si la sauce n'est pas suffisamment épaisse, ajouter un peu de farine, avant de la remettre au feu.

Purées

Les *purées* se servent seules ou remplacent des sauces.

Purée de pommes de terre. — Faire cuire des pommes de terre, les peler et bien les écraser. Les mettre ainsi écrasées dans une casserole avec du beurre ; ajouter du sel et du poivre ; mouiller avec du lait, en remuant jusqu'à ce que la purée ne soit ni trop claire, ni trop épaisse, puis faire bouillir quelques minutes.

Purée de haricots. — Faire cuire les haricots avec sel, poivre et oignon ; les retirer ensuite de la marmite pour les broyer et les passer à la passoire ; mettre cette purée dans une casserole où on aura fait roussir un peu de beurre ; ajouter de l'eau, si on le juge nécessaire ; assaisonner, remuer et laisser cuire quelques minutes.

On opère de même pour les purées de pois verts, de pois secs, de fèves, etc.

Purée d'oignons. — Couper des oignons en tranches, faire cuire au moins trois quarts d'heure, les presser et les passer dans une passoire, les assaisonner avec du beurre, du sel et du poivre, et servir.

Les œufs.

On s'assurera qu'un œuf est frais en l'entourant de chaque côté, avec les mains, et en présentant, devant la lumière, la partie qui reste découverte. S'il paraît piqué ou taché, c'est qu'il est gâté.

Œufs à la coque. — Mettre les œufs dans l'eau bouillante et les retirer au bout d'une minute et demie, deux minutes et demie et trois à quatre minutes, suivant qu'on aimera les œufs à peine touchés, qu'on les préfèrera en lait ou qu'on les voudra plus cuits.

Œufs sur le plat. — Casser les œufs dans un plat résistant au feu, dans lequel on a fait fondre un peu de beurre; faire cuire quelques minutes, saler et poivrer.

Œufs durs. — Laisser les œufs dix minutes dans l'eau bouillante, les couper ensuite en rouelles, ajouter des fines herbes et les assaisonner comme une salade ordinaire.

Œufs brouillés. — Prendre un plat qui puisse résister au feu et mettre du beurre; quand ce dernier est bien fondu, casser les œufs dedans, saler et poivrer. Remuer aussitôt pour brouiller les œufs et, à mesure qu'ils cuisent, détacher ce qui pourrait s'attacher au fond du plat.

Œufs farcis. — Faire durcir des œufs, les couper en deux dans le sens de leur longueur, et enlever les jaunes; mettre ces jaunes dans un plat avec des fines herbes, du sel, du poivre et de la mie de pain trempée préalablement dans du lait tiède; écraser et mêler le tout, puis remplir les blancs d'œufs avec cette farce, en formant une petite élévation. Prendre ensuite un plat allant au feu, mettre du beurre, placer les œufs la farce en dessus, et couvrir avec un couvercle de fer déjà chaud et garni de feu. Servir lorsque les œufs auront pris un peu de couleur.

Omelette au naturel. — Casser les œufs dans un plat, saler et bien battre avec une fourchette; faire fondre du beurre dans la poêle, y verser les œufs, soutenir la poêle un peu au-dessus du feu, pour qu'elle ne reçoive pas trop de chaleur. Tourner l'omelette quand elle est cuite d'un côté, pour la faire cuire de l'autre, jusqu'à ce qu'elle ait pris une belle couleur; plier ensuite l'omelette en deux, et la renverser sur un plat.

On fait aussi des omelettes sans les tourner. Dans ce

cas, quand elles sont cuites d'un côté, on les met en *chausson*, en les pliant sur elles-mêmes, au moyen d'un petit tour de poêle.

Pour faire une omelette à l'oseille, on mélange aux œufs des feuilles de cette plante hachées très menu. On procède de même quand il s'agit d'une omelette aux fines herbes.

Omelette aux oignons. — Couper les oignons en rouelles ou en petits carrés, et les faire frire légèrement dans le beurre. Les retirer pour les battre avec les œufs, et achever l'omelette suivant la méthode ordinaire.

Omelette au lard et au jambon. — Couper le lard ou le jambon en très petits morceaux, faire fondre dans la poêle, jeter dessus les œufs préalablement assaisonnés, et faire l'omelette.

LÉGUMES

Pommes de terre.

La pomme de terre est, de tous les légumes, celui qui se prête au plus grand nombre d'assaisonnements et dont la consommation est d'un usage plus courant dans un ménage.

Pommes de terre à l'étouffé. — Laver avec soin les pommes de terre, les placer dans une marmite dont le fond sera surmonté d'un grillage en fils de fer ou en bois, maintenu à une certaine distance, cinq à six centimètres; verser de l'eau jusqu'à la hauteur de ce grillage, saler, couvrir et faire bouillir environ une heure, en prenant la précaution d'ajouter de l'eau si, par suite de l'évaporation, la marmite menace d'être à sec.

Les pommes de terre cuites de cette façon sont prêtes pour être assaisonnées à une sauce quelconque, ou, servies telles sur la table, elles seront mangées avec du pain et du beurre.

Si on se dispense d'établir le grillage dont il vient d'être parlé, on versera seulement l'eau nécessaire pour baigner la moitié des pommes de terre. La première méthode est préférable.

Pommes de terre sautées. — Laisser refroidir les pommes de terre, les peler et les couper en tranches plus ou moins minces, les mettre ensuite dans la poêle avec du beurre et ajouter du sel et du poivre. Laisser fondre le beurre, ajouter du persil haché menu et faire sauter les pommes de terre.

Si on ne craint pas que les pommes de terre s'écrasent, laisser chauffer le beurre et mijoter les pommes de terre, qui prendront ainsi plus de couleur.

Pommes de terre à la sauce blanche. — Une fois les pommes de terre bien cuites, les peler, les couper en tranches et les mettre, chaudes, dans une sauce blanche préparée à l'avance.

Pommes de terre à la poulette. — Mettre du beurre dans une casserole, faire fondre et ajouter une cuillerée de farine, mouiller avec du lait, saler et poivrer et tourner jusqu'à ce que la sauce commence à bouillir. Jeter ensuite les pommes de terre, pelées, bien essuyées et coupées en morceaux.

Pommes de terre au roux. — Faire un roux avec du beurre, mouiller avec de l'eau, saler et poivrer; ajouter un bouquet garni, et mettre dans la sauce les pommes de terre coupées en tranches.

Pommes de terre en ragoût au lait. — Faire chauffer du lait, y jeter dès qu'il bout des pommes de terre toutes chaudes et coupées en rouelles; ajouter un peu de beurre; sel, poivre et persil; remuer de loin en loin et servir après avoir fait cuire un instant.

Pommes de terre frites. — Couper les pommes de terre en petits quartiers ou en rondelles, les laisser sécher et les jeter dans une grande friture très chaude; les retirer lorsqu'elles sont cuites et ont pris une belle couleur dorée, égoutter et saler.

On obtient des pommes de terre soufflées en les retirant, puis en les remettant à deux ou trois reprises dans la friture, avant cuisson complète.

Pommes de terre fricassées au lait. — Faire cuire, peler et couper les pommes de terre en tranches; mettre du beurre dans une casserole et, lorsqu'il est fondu, y ajouter les pommes de terre, puis un peu de farine; faire sauter, mouiller avec du lait, saler et laisser cuire doucement pendant vingt minutes, une demi-heure, en remuant de temps en temps, sans laisser bouillir.

Pommes de terre nouvelles. — Les racler et les essuyer avec soin, puis les mettre sur un feu vif, dans une poêle ou dans une casserole, avec un morceau de beurre; les retourner jusqu'à ce qu'elles roussissent et les saler au moment de servir.

Pommes de terre en salade. — Peler et couper en tranches des pommes de terre cuites à l'étouffée, les mettre très chaudes dans un saladier, ajouter un peu d'eau chaude, des fines herbes, puis assaisonner comme la salade, en forçant sur la quantité de vinaigre.

Carottes.

La carotte est un légume précieux pour la cuisine; on l'emploie dans une foule de ragoûts et de sauces. On lavera toujours avec soin les racines avant de s'en servir.

Carottes au lait. — Ce mode de préparation convient spécialement pour les jeunes carottes qui n'ont encore atteint qu'une partie de leur développement.

Après les avoir grattées, les faire sauter dans le beurre avec un peu de farine, mouiller avec du lait et laisser cuire.

Si les carottes sont plus avancées, on les fait cuire de la même façon, mais en ajoutant un peu de beurre.

Carottes à la roulette. — Couper les jeunes carottes en rouelles un peu épaisses, les mettre dans une casserole avec du beurre, faire sauter, mouiller légèrement avec de l'eau, ajouter sel et poivre en petite quantité, laisser cuire à petit feu.

La sauce doit être très courte.

Carottes dans la poêle. — Couper les carottes en tranches, les mettre dans la poêle avec du beurre, laisser revenir; ajouter une cuillerée de farine, mouiller avec de l'eau, saler et poivrer. On peut ajouter une feuille de laurier.

Betteraves.

Les **betteraves** cuisent difficilement. Une bonne précaution à prendre est de les faire cuire d'abord à l'eau, puis d'achever leur cuisson en les mettant dans le four en même temps que le pain ou aussitôt après.

Betteraves en salade. — Une fois les betteraves bien cuites, les peler et les couper ensuite en tranches minces. Ainsi préparées, on les ajoute à la salade ou on les assaisonne seules.

Betteraves au lait. — Couper les betteraves en tranches et les faire sauter dans le beurre avec une cuillerée de farine; saler et ajouter un peu de sucre, si les betteraves ne sont pas naturellement sucrées, mouiller avec du lait et laisser mijoter.

On peut y ajouter quelques oignons coupés en tranches très minces, de manière à ce que leur cuisson soit très rapide.

Betteraves frites. — Passer au beurre un oignon finement haché, y joindre des betteraves cuites coupées en tranches; faire sauter quelques instants, ajouter un peu de farine, puis du poivre, du sel, un peu de persil haché, faire bouillir dix minutes et servir.

Salsifis et scorsonères.

Éplucher avec soin les racines en les raclant, les laver et les faire cuire à l'eau salée. Une fois ces racines refroidies, les faire recuire doucement, pendant une heure, dans un roux au beurre noir ou dans une sauce blanche.

On peut également les faire frire dans la poêle.

Choux-navets et navets.

Les **choux-navets** et les **navets**, une fois pelés et coupés en morceaux, sont jetés dans l'eau bouillante avec du sel. On les retire après cuisson, pour les mettre dans une casserole avec du beurre, du poivre et du sel; on mouille avec un peu de bouillon de cuisson, puis on laisse quelque temps sur le feu. L'eau qui a servi à cuire les choux-navets est excellente pour la soupe.

On accommode aussi les choux-navets et les navets soit à la sauce blanche, soit au roux.

Haricots.

Les **haricots verts** se cuisent à l'eau bouillante avec du sel. Une fois cuits et égouttés, ils peuvent s'accommoder des trois façons suivantes :

Haricots verts au beurre. — Les mettre dans une casserole avec du beurre, assaisonner et tourner, puis faire cuire doucement pendant quelques minutes.

Haricots verts à la poulette. — Même préparation, sauf qu'on ajoute une liaison relevée d'un peu de vinaigre.

Haricots verts au beurre noir. — Faire noircir du beurre dans une poêle, saler et poivrer, puis faire sauter pendant quelques minutes.

On peut également manger les haricots verts en salade, en y ajoutant du persil haché. La proportion de vinaigre devra être plus forte que pour une salade ordinaire.

Petits pois.

Pois verts au beurre. — Mettre les pois dans une casserole avec du beurre, un peu d'eau, du sel, un bouquet de persil et quatre ou cinq oignons; laisser cuire à petit feu, ajouter ensuite une pincée de farine, tourner, puis lier avec du beurre.

Pois verts à la crème. — Les préparer comme précédemment; seulement on fera la liaison avec un peu de crème.

Pois verts au lard. — Couper du lard en petits morceaux, que l'on mettra dans une casserole avec du beurre; faire roussir; mettre ensuite les pois avec deux oignons, un bouquet de persil, du sel, du poivre et un peu d'eau et laisser cuire.

Pois verts au roux. — Quand les pois sont un peu gros, il est préférable de les mettre au roux.

Faire un roux, mouiller avec de l'eau ou du bouillon, et quand il y a ébullition y jeter les pois; saler et poivrer, couvrir et faire cuire sur un bon feu.

Haricots blancs.

On distingue les **haricots blancs nouveaux** et les **haricots secs.**

Pour faire cuire les premiers, comme ils sont tendres, on les met dans l'eau bouillante avec du sel, un oignon, un bouquet de persil et un morceau de beurre.

S'il s'agit de haricots secs, on les fera cuire en les mettant dans l'eau froide, et comme ils sont d'une cuisson difficile, il sera même bon de les faire tremper dans de l'eau dès la veille, avec un peu de sel.

Lorsque les haricots sont cuits, ce dont on s'aperçoit en cherchant à les écraser, on les égoutte tout chauds dans une passoire, pour les apprêter ensuite de différentes manières.

Haricots à la maître d'hôtel. — Mettre les haricots cuits dans une casserole où on aura fait fondre un morceau de beurre; ajouter du sel et du poivre, du persil haché; remuer doucement, jusqu'à ce que les haricots soient bien liés.

Haricots blancs sautés. — Mettre du beurre dans la casserole, faire blondir, verser les haricots bien égouttés, ajouter sel et poivre et faire rissoler légèrement, sur un feu vif, en agitant souvent la casserole.

On peut remplacer le beurre par de la graisse.

Haricots blancs en salade. — Une fois cuits et égouttés, mettre les haricots dans un saladier, ajouter du persil et de la ciboule hachés fin, assaisonner ensuite avec sel, poivre, huile et vinaigre.

Purée de haricots blancs. — Passer les haricots, une fois cuits, à travers une passoire en les écrasants, de manière à ce que toutes les écorces soient bien séparées;

mettre un morceau de beurre dans une casserole, y faire roussir un oignon haché bien fin, y verser la purée, mouiller légèrement avec du lait, ajouter du sel et du poivre, et laisser cuire dix minutes.

On peut garnir cette purée de morceaux de pain assaisonnés au beurre.

Fèves de marais.

Jeunes pousses de fèves au maigre. — Au moment du rognage de l'extrémité des tiges, laver soigneusement les parties détachées, les jeter dans l'eau bouillante avec un peu de sel ; retirer ces tiges lorsqu'elles sont cuites, les égoutter et les mettre dans une casserole avec du beurre, du sel et du poivre, un peu de crème, puis tourner le tout.

Fèves en gousses à la poulette. — Faire choix de jeunes fèves au quart de leur développement, les couper en morceaux et jeter ces derniers dans l'eau bouillante et salée. Les retirer après cuisson complète, pour les mettre dans une casserole avec du beurre, du sel et du poivre ; mouiller avec un peu d'eau, retirer les fèves quand elles commencent à bouillir, et faire une liaison avec deux œufs.

Fèves à la poulette. — Écosser les fèves avant qu'elles aient atteint tout leur développement, les jeter dans l'eau bouillante et salée, en ayant soin qu'elles baignent complètement. Quand elles sont bien cuites et bien égouttées, les mettre dans une sauce à la poulette avec sel et poivre, et un peu de sarriette hachée très fin ; faire cuire doucement et lier avec des œufs.

Choux et choux-fleurs.

Choux blancs au lard. — Enlever les feuilles qui se trouvent à la base du chou, bien laver celles qui en forment le cœur et les jeter dans l'eau bouillante, avec du sel et un morceau de lard. Laisser cuire pendant deux heures environ.

Choux à la sauce blanche. — Choisir un chou bien pommé, dont les feuilles seront épluchées avec soin, puis coupées et lavées plusieurs fois; les faire cuire à l'eau bouillante, avec un peu de sel, pendant une demi-heure ou trois quarts d'heure; les retirer en les pressant un peu, puis les couvrir d'une sauce blanche préparée à l'avance.

Choux hachés. — Préparer les choux comme il a été expliqué ci-dessus, et, quand ils sont bien égouttés, les hacher très menu; mettre dans une casserole un morceau de beurre, avec un oignon bien divisé; faire roussir, puis y jeter les choux avec poivre et sel; mouiller avec un peu d'eau chaude, et faire bouillir quelques minutes.

Choux cuits en salade. — Laisser refroidir les choux que l'on aura retirés de la soupe, bien les égoutter et les assaisonner comme une salade.

On peut les servir chauds ou froids, selon le goût des personnes.

Choux-fleurs.

Choux-fleurs à la sauce blanche. — Visiter avec soin les têtes, afin d'enlever les chenilles qui auraient pu s'y loger, et les jeter au fur et à mesure dans l'eau fraîche; les plonger ensuite dans de l'eau bouillante assaisonnée de sel, en faisant en sorte que les choux-fleurs baignent complètement, et faire cuire pendant un quart d'heure, vingt minutes. Une fois égouttés, les choux-fleurs sont mis dans un plat, la queue en dessous. On les mange à la sauce blanche, ou à l'huile et au vinaigre.

Choux-fleurs au gratin. — Une fois cuits à l'eau bouillante avec sel, mettre les choux-fleurs dans un plat allant au feu, les couvrir de mie de pain et de petits morceaux de beurre, saler et poivrer et faire cuire doucement, avec un peu de braise dessus, jusqu'à ce que les choux-fleurs aient pris une belle couleur jaune.

Citrouille.

Citrouille en purée. — Prendre les tranches que l'on coupera en morceaux assez gros, les mettre dans une marmite avec un peu d'eau et une pincée de sel, laisser cuire jusqu'à ce que les morceaux en question s'écrasent si on les presse avec une cuiller, puis les réduire en purée.

Faire cuire dans le beurre un oignon finement haché, verser la purée dans la casserole avec un peu de poivre, quelques cuillerées de farine et un verre de crème, puis laisser cuire un instant à petit feu.

Oignons.

Les **oignons** rendent surtout des services indirectement, car ils sont associés à presque toutes les préparations culinaires; mais ils peuvent cependant former la base de certains plats.

Oignons à l'étuvée. — Éplucher les oignons, puis les jeter dans l'eau bouillante avec du sel et un paquet de persil; les retirer après cuisson et les mettre à égoutter. Faire dans une casserole un roux de belle couleur, que l'on allongera avec du bouillon ou de l'eau chaude; ajouter les oignons, tourner et laisser cuire quelques minutes.

Poireaux.

De même que les oignons, les **poireaux** occupent une grande place dans la cuisine ménagère, où ils servent pour la préparation des soupes et potages. Mais, après avoir cuit dans la marmite, ils sont le plus souvent servis à part, recouverts d'un peu de crème, avec accompagnement de vinaigre, poivre et sel.

Artichauts.

Artichauts à l'eau. — Couper la queue, enlever les feuilles les plus rapprochées de la base et laver à l'eau froide; les jeter ensuite dans l'eau bouillante, en ayant soin qu'ils baignent complètement; ajouter sel et poivre, et faire cuire jusqu'à ce que les feuilles se détachent facilement, ce qui demande une demi-heure environ. Les enlever, puis les faire égoutter.

Les artichauts ainsi cuits se mangent à la sauce blanche ou à l'huile et au vinaigre.

Artichauts frits. — Faire choix d'artichauts suffisamment tendres, les passer à l'eau bouillante, puis les couper par tranches du sommet à la base; enlever le foin et les petites feuilles du centre, les passer dans la farine, puis faire frire dans le beurre avec sel et poivre, jusqu'à ce qu'ils aient pris une belle couleur.

Asperges.

Asperges à l'huile et au vinaigre. — Gratter et laver les asperges, les réunir en petites bottes que l'on attache avec du fil, les jeter dans l'eau bouillante avec sel, laisser cuire pendant vingt minutes, faire égoutter, puis servir avec une sauce blanche ou les manger à l'huile et au vinaigre.

Asperges aux petits pois. — Faire choix de jeunes asperges vertes, les laver, puis couper en petits morceaux dans une casserole; ajouter un morceau de beurre avec sel, poivre, un peu de sucre; mouiller avec de l'eau, et laisser cuire. Après cuisson complète, délayer un peu de farine avec un ou deux jaunes d'œufs bien battus, verser cette sauce sur les asperges et faire chauffer légèrement.

Bette à carde ou poirée.

Bettes à la sauce blanche. — Après avoir épluché et lavé les côtes de *bettes*, les faire cuire à l'eau bouillante et salée, les mettre ensuite à égoutter, les couper en morceaux plus ou moins longs, les couvrir d'une sauce blanche, faire chauffer et servir.

Céleri.

Le **céleri** se mange en salade, seul ou mélangé avec d'autres légumes.

Pour cela, l'éplucher soigneusement, en enlevant les feuilles vertes et les taches de rouille, bien laver et fendre les côtes, puis assaisonner avec huile et vinaigre, sel et poivre.

Céleri au roux. — Une fois les côtes préparées comme il vient d'être expliqué, les faire cuire à l'eau bouillante avec un peu de sel, les mettre ensuite bien égouttées dans un roux, ajouter sel et poivre et faire bouillir un quart d'heure.

On peut également manger le céleri à la sauce blanche.

Céleri frit. — Une fois bien cuites à l'eau bouillante salée, mettre les côtes dans une poêle ou casserole avec un morceau de beurre, saler et poivrer, et achever la cuisson sur un feu vif.

Céleri-rave. — Le *céleri-rave*, dont on ne mange que la racine, se prépare exactement comme le *céleri à côtes*, auquel on doit le préférer.

Lorsqu'on le mange en salade, on doit couper les racines en tranches minces.

Oseille.

Le plus souvent l'**oseille** est associée à la viande, à des œufs, etc., mais elle est également consommée seule.

Choisir l'oseille bien verte et fraîche, l'éplucher, la laver, la blanchir à l'eau bouillante, la faire égoutter, puis la hacher et la mettre dans une casserole avec du beurre, du sel et du poivre. On la tourne jusqu'à ce qu'elle soit en purée, puis on l'épaissit avec de la crème et des jaunes d'œufs. On peut la garnir de croûtons de mie de pain frits au beurre.

L'oseille se prépare également à la graisse.

Salades.

Toute salade doit être non seulement épluchée avec soin et lavée, mais aussi essuyée convenablement. Le panier en fil de fer dans lequel on l'introduit pour la secouer fortement, ne fait qu'enlever une partie de l'eau, et il est recommandé, après cette première opération, de la passer à différentes reprises entre deux linges bien propres pour enlever l'humidité; sans cela la salade prendrait mal l'huile, la graisse, le beurre et la crème.

Salade à la crème. — Pour les laitues pommées, on peut très bien remplacer l'huile par la crème. Il suffira de trois ou quatre cuillerées de crème à laquelle on ajoutera de la ciboule hachée, du vinaigre, du sel et du poivre.

Salade au beurre et à la crème. — Faire fondre un morceau de beurre dans la poêle, ajouter de la crème, puis verser sur la salade, rincer la poêle encore chaude avec la quantité de vinaigre nécessaire pour l'assaisonner avec du sel et du poivre.

Salade à l'huile. — L'assaisonnement à l'huile et au vinaigre, avec sel et poivre, convient à tous les légumes que l'on mange en salade.

Salade de légumes cuits. — Lorsque les légumes frais manquent, on peut préparer une excellente salade, en faisant cuire quelques pommes de terre, carottes et navets.

Épluchez rapidement ces légumes qui auront cuit avec leur peau, les mettre encore chauds dans le saladier, y joindre des haricots cuits, une betterave cuite coupée en tranches minces, quelques herbes hachées menu, assaisonner ensuite avec la quantité d'huile et de vinaigre nécessaire, sel et poivre.

Les plantes que l'on mange le plus fréquemment en salade sont : la *laitue*, les différentes variétés de *chicorées* et de *scarole*, la *mâche* ou *doucette*, le *pissenlit* ou *dent-de-lion*, le *cresson*, le *pourpier*, les côtes et racines de *céleri*.

La viande de porc.

Dans les campagnes, la **viande de porc** est en quelque sorte la base de la nourriture grasse dans tous les ménages.

Aussitôt le porc saigné, le sang, que l'on aura recueilli avec soin, est versé dans un vase où il est remué à la main, pour éviter qu'il se coagule, puis on le dépose dans un lieu frais.

On s'occupe ensuite de faire disparaître les *soies* qui garnissent la peau, soit en les échaudant avec de l'eau bouillante, soit en les grillant avec un bouchon de paille, en lavant ensuite la peau à l'eau froide, et en la raclant avec un couteau ou un instrument spécial.

Ce travail terminé, le porc est suspendu à une échelle, puis on l'ouvre pour en enlever l'intérieur.

Les intestins, que l'on reçoit dans une corbeille garnie d'un linge, seront d'abord dégraissés, puis lavés soigneusement à l'eau courante.

Une fois les boyaux destinés à la confection des boudins bien dégarnis de la membrane qui existe à l'intérieur, on les met tremper dans un vase rempli d'eau, où ils resteront jusqu'à ce qu'on puisse les utiliser.

Le surplus des intestins qui doit être employé pour les andouilles sera seulement lavé avec le plus grand soin.

On comprend, sous le titre général de *fressure*, les poumons, le cœur, le foie, la rate et les rognons, et on confectionne sous ce nom, en y ajoutant une partie de la tête et différents morceaux de chair et de graisse provenant du dépeçage de l'animal, le tout finement haché, puis du sang à la fin de l'opération, une sorte de *confiture de porc* que l'on épice fortement avec du sel, du poivre et de la cannelle, et qui, soumise à une cuisson lente et prolongée, constitue un mets très apprécié dans la région.

La *fressure* est une préparation relativement coûteuse, car elle entraîne d'abord une certaine dépense de combustible; puis, ne se conservant que quelques jours, elle doit être consommée très vite; elle absorbe, de plus, de nombreuses portions de viande et de graisse dont on pourrait tirer un meilleur parti.

Découpage du porc et salaison. — Le porc ne doit être découpé que lorsqu'il est complètement froid. On commence par le fendre en deux, et c'est généralement aussitôt cette opération faite, ou après avoir séparé les quartiers de devant de ceux de derrière, si l'animal est un peu fort, qu'on cherche à se rendre compte de son poids.

Le mode du dépeçage du porc varie suivant les localités et aussi l'importance des ménages.

Dans tout l'ouest, où la préparation des aliments se fait, en grande partie, au beurre, le lard n'est pas mis de côté pour être salé, il est ajouté en tout ou partie à la graisse intérieure pour être fondu, et la *couenne* est utilisée pour la confection des *andouilles* ou des *rillons*.

On commence d'abord par lever les jambes, cuisses et épaules, en s'attachant à donner à ces dernières la forme circulaire en usage, en faisant en sorte que la peau dépasse un peu la chair, et en évitant d'attaquer l'os de la cuisse, ce qui nuirait à la conservation de la viande. Le surplus est ensuite coupé en morceaux plus ou moins gros, — il y a avantage à ne pas les faire trop forts, — en vue de la salaison.

Pour cette dernière opération, on met sur une table la quantité de sel qu'on juge nécessaire, on frotte énergiquement chaque morceau avec le sel en ayant soin que toutes ses parties en soient bien imprégnées ; puis, ce travail terminé, on le dépose dans le *saloir*, récipient généralement en grès, au fond duquel se trouve une première couche de sel.

Lorsqu'un premier lit est fait, on le couvre de sel et l'on continue ainsi, en veillant à ce que les morceaux soient bien pressés les uns contre les autres, et qu'il ne reste pas le moindre vide; on met une dernière couche de sel que l'on recouvre d'un linge, puis on ferme le saloir. On rendra la fermeture plus parfaite, en chargeant le couvercle avec une ou plusieurs pierres, que l'on aura eu soin de bien laver.

Si, au bout de quelques jours, on s'aperçoit, en ouvrant le saloir, qu'un vide s'est formé à l'intérieur, on le remplira avec de la *saumure*.

Préparation des jambons.

1re Méthode. — Lorsque les jambons sont coupés, on les place sur une table, dans un endroit bien aéré, où ils peuvent, si on le juge à propos, rester sans le moindre inconvénient un ou deux jours, si le temps est un peu froid. On aura seulement soin d'essuyer de temps en temps, avec un linge sec, le liquide qui s'en écoule.

Quand le moment est venu de les saler, on les pare soigneusement, en enlevant les bavures avec un couteau; on fera quelques piqûres dans la couenne pour que la saumure atteigne plus facilement la viande; puis, avec un mélange de sel bien pilé et de salpêtre, on en frottera avec force toutes les parties.

Les jambons sont ensuite placés, entre deux couches de sel, dans un récipient spécial qui peut être une simple caisse en bois. On s'assurera que tout le pourtour est bien garni de sel, et on recouvrira le dessus d'une planche pouvant entrer entre les parois, que l'on chargera avec de fortes pierres ou des poids.

Au bout de trois semaines, un mois, les jambons sont retirés; on les met quelques jours sous presse, puis on les expose à la fumée de différentes plantes aromatiques, telles que le *thym*, le *genièvre*, du *laurier*, etc.

Un procédé très pratique, indiqué par Mme Millet-Robinet, est de suspendre ces jambons dans la cheminée de la la boulangerie, à une certaine hauteur au-dessus de la gueule du four, pour que la fumée qu'ils reçoivent soit moins chaude. Les plantes et les branchages verts sont placés dans le four, où on fera en sorte qu'ils se consument lentement, afin qu'ils dégagent une plus grande quantité de fumée.

Une fois les jambons bien séchés et fumés, on les préserve des mouches en les recouvrant séparément d'un linge de grosse toile soigneusement cousu, puis on les suspend.

2e Méthode. — Quelques personnes se contentent, une fois les jambons bien essuyés et garnis de sel, de les enserrer fortement dans un linge; et de les mettre aussitôt sous presse, où ils resteront de trois à quatre semaines.

On achève ensuite leur préparation, soit en les faisant fumer, soit en les laissant macérer plusieurs jours dans un mélange de sel, d'eau-de-vie et de différentes plantes aromatiques. Quand on les juge suffisamment imprégnés par ces différentes substances, on les fait sécher en les suspendant dans la cheminée de la cuisine ou au-dessus d'un fourneau.

Graisse fondue. — Pour préparer la graisse de porc, on enlève les membranes dans lesquelles celle-ci est enveloppée: puis, après l'avoir divisée en petits morceaux, on la met dans un chaudron de cuivre ou de fonte, et on chauffe doucement tout d'abord, en remuant continuellement avec une cuiller en bois, jusqu'à ce qu'une portion du saindoux soit liquéfiée.

Quand la graisse est fondue, on laisse refroidir, puis on la coule à travers une passoire à trous un peu fins.

Cette graisse est versée directement dans des pots de grès, que l'on recouvre d'un papier un peu solide et que l'on attachera avec une ficelle.

Boudins. — Nettoyer et laver à plusieurs eaux les boyaux dont on doit se servir, les racler et s'assurer, quand ils sont bien égouttés, en soufflant dedans, qu'ils ne sont pas troués. Préparer ensuite le mélange qui doit y être introduit et dont la composition varie suivant les ménages et les goûts de chacun. Ce mélange se compose généralement d'oignons finement hachés, que l'on met dans une casserole avec du beurre, et que l'on laisse cuire jusqu'à ce qu'ils soient réduits en purée. On y ajoute de la chair de porc, du lard, du saindoux; le tout, soigneusement haché, est fortement assaisonné de sel, de poivre et de différentes épices; faire cuire en remuant, laisser refroidir, puis verser le sang.

On remplit ensuite chaque boyau à l'aide d'un entonnoir spécial.

On aura soin de laisser un peu de vide en remplissant les boyaux, afin que les ligatures qui doivent donner aux boudins la longueur en usage, puissent s'effectuer facilement.

Il ne reste plus ensuite qu'à faire cuire les boudins : mettre pour cela de l'eau dans un chaudron, piquer çà et là les boudins pour les empêcher de crever, les placer dans l'eau prête à bouillir, mais qui ne devra jamais dépasser cette température, puis retirer et laisser égoutter.

On reconnait que le boudin est cuit, lorsqu'en le piquant avec une épingle, il en sort un jet de graisse chaude et un peu de sang.

On fera d'excellente soupe avec l'eau qui a servi à cuire les boudins.

Les boudins se mangent réchauffés à petit feu sur un gril ou dans une poêle.

Andouilles. — Bien laver et racler les gros boyaux de porc, les faire dégorger dans l'eau fraîche, que l'on renouvellera aussi souvent que cela sera nécessaire; les laisser égoutter, puis les faire mariner dans un assaisonnement avec du sel, du poivre et différentes épices; les retirer au bout de quelques heures, les couper en longs filets avec des morceaux de couenne et de lard maigre, hacher le tout en petits morceaux, ajouter du poivre, du sel et des épices, introduire ensuite le mélange dans des boyaux qu'on aura mis en réserve, puis attacher avec un fil aux deux bouts.

Si les andouilles doivent être consommées tout de suite, on les mettra dans une marmite avec de l'eau, du sel, des carottes, des oignons, un bouquet garni, et on fera cuire à petit feu. On les fait ensuite refroidir, puis réchauffer sur le gril, et on les sert avec des légumes, principalement sur une purée de haricots.

On conservera les andouilles en les laissant au moins vingt-quatre heures dans le sel, dans un charnier; on les fait ensuite fumer, et on les suspend dans un endroit sec.

Quand le moment est venu de les employer, les faire tremper plusieurs heures, puis les faire cuire comme il a été expliqué ci-dessus.

Fromage de cochon. — Nettoyer et désosser une tête de porc, en enlever les chairs, que l'on coupera en filets minces, et assaisonner de poivre, de sel et de différentes épices; mettre le tout dans un linge et faire cuire dans une marmite, en ajoutant de l'eau à mesure que cela sera nécessaire. Retirer après cuisson, faire égoutter, garnir un moule ou simplement une casserole, avec les couennes que l'on aura mises de côté, placer les viandes au milieu et couvrir le tout d'un couvercle, sur lequel on aura mis un poids assez lourd, de manière à presser les viandes pendant qu'elles sont encore chaudes; renverser le fromage quand il sera complètement refroidi, et le recouvrir avec de la chapelure.

On peut aussi préparer ce fromage en désossant la tête, après lui avoir fait subir un commencement de cuisson à l'eau. La viande est ensuite hachée, placée dans un moule et mise au four.

Pieds de cochon. — Préparer les pieds de cochon en les flambant et en les lavant à l'eau chaude; les faire cuire à l'eau bouillante, avec carottes et oignons, sel, poivre et bouquet garni; les laisser égoutter et refroidir; les fendre ensuite, en deux, dans le sens de la longueur, les passer au beurre ou les servir tels, en les accompagnant d'une sauce piquante.

Grillons ou rillons et rillettes. — Couper, par morceaux de la grosseur du pouce, de la viande de porc bien entrelardée et faire cuire sur un poêlon placé sur un feu vif, en ajoutant un peu d'eau salée. Avoir soin, pendant la cuisson, de bien remuer et de comprimer chaque morceau avec une écumoire, jusqu'à ce que toute l'eau soit complètement évaporée.

Les **rillons** ou **grillons** doivent être mangés dans l'espace de quelques jours.

Les **rillettes** sont préparées avec des rillons que l'on aura obtenus comme il est expliqué ci-dessus, et qui auront été finement hachés.

Les rillettes se conservent très bien dans des pots recouverts de graisse.

Les viandes de bœuf, de vache, de veau et de mouton.

Le bœuf jeune et de bonne qualité a la chair fine, d'un rouge vif et légèrement marbrée, et couverte d'une graisse d'un blanc jaunâtre.

La viande de vache est d'un rouge plus pâle; et le tissu en est aussi plus fin.

Sous le rapport de la saveur et des qualités nutritives, la chair d'une jeune vache bien engraissée vaut autant que celle du meilleur bœuf.

C'est à partir de six semaines jusqu'à deux mois qu'au point de vue de la qualité de la viande, le veau atteint sa plus grande valeur. Plus tôt, la chair est molle et décolorée, elle est même malsaine; plus tard la chair n'a pas la même délicatesse.

Dans le bœuf et la vache, les morceaux de choix sont pris dans les reins et les quartiers postérieurs; puis viennent, en seconde ligne, les morceaux fournis par les épaules et les côtes.

Ces deux premières catégories représentent à peu près la moitié du poids net de l'animal.

Dans la troisième et dans la quatrième catégorie, se trouvent les différents morceaux provenant des jambes, de la poitrine, du ventre, de la tête et du garrot.

Dans le veau, en raison de la chair plus tendre, la différence est moins grande entre les divers morceaux qui ne se classent plus qu'en deux catégories principales.

La première est constituée par les cuissots, où sont pris les rôtis les plus appréciés et la rouelle, et par les côtes.

Dans la seconde catégorie se trouvent le collet, les épaules et la poitrine.

La tête de veau, la langue, le foie, les ris et les rognons jouent un grand rôle en cuisine.

La viande du mouton, dont les abats sont moins estimés que ceux du veau, comprend trois catégories : les gigots et les côtelettes ; les épaules ; le collier et la poitrine.

Bœuf bouilli au miroton. — On désigne sous le nom de *miroton* un ragoût de viande déjà cuite, et ce mode de préparation est souvent employé pour le bouilli qui a servi à faire la soupe.

Couper plusieurs oignons en tranches minces, les passer au beurre, ajouter une pincée de farine et faire roussir sur un feu vif, mouiller avec de l'eau ou du bouillon, ranger par-dessus des tranches de bœuf bouilli, avec sel, poivre et fines herbes ; ajouter, si on le désire, quelques oignons entiers, des pommes de terre lavées avec soin et pelées, et faire bouillir jusqu'à ce que ces dernières soient bien cuites.

Bœuf bouilli sauté à la poêle. — Couper en tranches minces plusieurs oignons et les passer à la poêle avec du beurre ; ajouter un peu de farine et faire roussir ; mettre à ce moment-là le bœuf coupé en tranches, et, quand ce dernier sera suffisamment chaud, verser dessus un filet de vinaigre.

Bœuf rôti. — Faire choix d'un morceau d'aloyau, c'est-à-dire d'un morceau de bœuf coupé le long des reins ; le faire mariner pendant douze heures avec sel, poivre et un peu d'huile ; le mettre ensuite à la broche et laisser cuire, en ayant soin d'arroser avec la marinade. Servir avec le jus, dans lequel on peut ajouter un peu de sauce piquante.

Bifteck. — Prendre un morceau de filet de bœuf, le couper en tranches, bien battre ces dernières pour les aplatir ; les saupoudrer de sel et de poivre, les mettre sur le gril et faire cuire sur un feu très vif. Au moment de servir, placer sur chaque tranche un peu de beurre recouvert de persil haché menu. Le bifteck peut être accompagné de pommes de terre frites ou entouré de cresson.

Bœuf à la mode. — Prendre une tranche de bœuf, bien la battre et la piquer avec du lard ; la mettre ensuite dans une casserole avec un morceau de beurre, un peu d'eau, du sel, du poivre et faire cuire à petit feu dessus et dessous. Au bout de trois heures de cuisson, ajouter des carottes découpées en rouelles, puis, une heure après les carottes, quelques oignons.

Si le bœuf à la mode doit être consommé froid, mettre les légumes et la viande à part, et lorsque le tout sera froid, dresser la viande sur un plat et disposer le jus et les légumes autour.

Langue de bœuf à la sauce piquante. — Avoir soin de bien laver la langue, en la changeant plusieurs fois d'eau, puis la faire cuire dans le pot-au-feu, ou simplement dans de l'eau bouillante. Lorsqu'elle est à peu près cuite, la fendre en deux dans le sens de la longueur, après avoir enlevé la grosse peau, l'assaisonner avec poivre, sel, persil et échalotes hachés, et achever la cuisson dans une casserole, à petit feu.

Faire bouillir, en même temps, la quantité de sauce piquante nécessaire et verser sur la langue.

Rôti de veau. — Prendre de préférence le carré avec son rognon, le saupoudrer de sel fin et de poivre, et le frotter avec un peu de beurre. Mettre ensuite à la broche ou au four, et laisser cuire à petit feu. Servir avec le jus.

Blanquette de veau. — Faire fondre du beurre dans une casserole, avec un peu de farine, tourner jusqu'à ce qu'il soit bien fondu, ajouter peu après la quantité d'eau bouillante jugée utile, du persil haché, quelques oignons, du sel et du poivre; placer dans la casserole les morceaux de veau, puis laisser cuire à petit feu pendant trois heures. Lier ensuite la sauce avec quelques jaunes d'œufs. On peut ajouter un filet de vinaigre.

Poitrine de veau aux petits pois. — Couper une poitrine de veau en petits morceaux, faire revenir dans du beurre, ajouter un peu de farine, du sel et du poivre, mouiller avec de l'eau et laisser cuire pendant une heure et demie; ajouter, à ce moment-là, la quantité voulue de pois verts et un peu de sel, puis achever la cuisson à grand feu, pendant une heure.

Côtelettes de veau au naturel. — Saupoudrer les côtes de sel fin, les garnir légèrement de beurre, puis faire cuire sur le gril en ayant soin de les retourner.

Côtelettes de veau aux fines herbes. — Faire fondre du beurre dans une casserole, y placer les côtelettes avec sel et poivre, puis laisser cuire pendant quelques minutes; hacher des fines herbes, en garnir avec soin le dessus et le dessous; achever ensuite la cuisson sur un feu doux.

Rouelle de veau. — On donne le nom de rouelle à une partie de la cuisse de veau coupée en rond.

Faire revenir dans du beurre, mouiller avec la quantité d'eau nécessaire pour que la rouelle baigne suffisamment; mettre des carottes, des oignons, saler et poivrer et faire cuire pendant deux heures; ajouter un roux, laisser cuire une heure, puis servir en plaçant les légumes autour.

Tête de veau. — Placer la tête de veau dans un chaudron ou dans une marmite que l'on remplira d'eau, avec sel et poivre, un oignon et un bouquet garni; faire cuire lentement pendant cinq ou six heures, en ayant soin d'ajouter, de loin en loin, un peu d'eau bouillante, pour remplacer celle qui s'évapore, la tête devant toujours baigner complètement. La tête une fois cuite, la mettre sur un plat garni d'une serviette, puis servir avec une sauce faite avec le bouillon de la tête, de l'huile, du vinaigre, des fines herbes hachées menu, du sel et du poivre.

Fraise de veau. — On appelle *fraise* la membrane qui enveloppe les instestins.

Faire dégorger dans l'eau légèrement salée, et bien laver, puis faire cuire à grande eau, pendant trois ou quatre heures, avec du sel, du poivre, du thym, du laurier et quelques oignons. Bien égoutter, puis servir la fraise aussi chaude que possible, entourée de persil. Préparer la sauce à part, comme pour la tête de veau.

Oreilles de veau. — Les oreilles de veau se préparent comme la tête et se mangent également à la sauce piquante.

Gigot de mouton rôti. — Laisser mortifier plusieurs jours. Au moment de mettre à la broche ou au four, introduire, s'il y a lieu, une gousse d'ail près du manche, saupoudrer de sel fin, ajouter un morceau de beurre et faire cuire à feu vif au début, en arrosant de temps en temps, avec le jus qui s'est formé au courant de la cuisson. Servir le jus à part.

Côtelettes de mouton grillées. — Parer les côtelettes en enlevant une partie de la graisse qui garnit l'os, les aplatir, les saupoudrer de sel et poivre, et faire griller à feu vif.

Côtelettes de mouton à la poêle. — Faire fondre un morceau de beurre dans une casserole plate, y jeter les côtelettes avec assaisonnement de poivre et sel, les retirer après cuisson, puis les servir, soit sur une purée de pommes de terre, ou accompagnées d'une garniture de légumes.

Ragoût de mouton. — Prendre de la poitrine de mouton, la couper en morceaux plus ou moins gros, faire revenir ces derniers, dans une casserole, avec du beurre, et les assaisonner de sel et de poivre. Cela fait, préparer un roux que l'on mouillera avec un peu d'eau, y jeter des navets, carottes, pommes de terre et oignons, le tout coupé en tranches; replacer ensuite le mouton dans la casserole, avec bouquet garni et fines herbes, et laisser cuire pendant deux ou trois heures.

Pieds de mouton. — Faire cuire pendant cinq ou six heures dans l'eau avec sel, laisser égoutter, retirer l'os principal, les entourer de feuilles de persil avec une sauce vinaigrette.

Pieds de mouton à la poulette. — Préparer les pieds de mouton comme ci-dessus; les mettre, une fois cuits et parés, dans une casserole avec un morceau de beurre et un peu de farine; faire sauter le tout après y avoir ajouté du sel et du poivre; laisser mijoter, pendant quelques instants, y joindre du persil haché et faire une liaison au moment de servir.

Volailles.

Pour les volailles, une première précaution s'impose avant de faire cuire : elles doivent être flambées, vidées avec soin, en prenant les précautions voulues pour séparer le fiel du foie, puis troussées.

S'il arrivait de crever le fiel, on laverait aussitôt l'intérieur du corps avec de l'eau chaude.

Fricassée de poulet. — Couper le poulet en morceaux; mettre du beurre dans une casserole, faire fondre, puis y placer les morceaux de volaille; ajouter un peu de farine que l'on délayera avec soin, mouiller avec de l'eau chaude, assaisonner avec sel, poivre et bouquet garni, et faire cuire à petit feu; dresser ensuite sur un plat après avoir lié la sauce avec un ou deux jaunes d'œufs.

On peut, vers le milieu de la cuisson, ajouter des oignons ou des champignons.

Poulet sauté. — Découper le poulet en morceaux et mettre ces derniers dans une poêle avec du beurre; les placer d'abord sur un feu vif, pour faire prendre couleur; faire cuire ensuite plus doucement; un instant avant de servir, ajouter du persil haché, du poivre et du sel. Dresser ensuite les morceaux de volailles sur un plat, mouiller la sauce avec un peu d'eau, faire bouillir quelques minutes, puis verser sur le poulet.

Poulet rôti. — Le poulet rôti demande à être bien cuit. On le sert avec son jus, entouré de cresson ou reposant sur un lit de pommes de terre coupées en rondelles ou écrasées, ou de céleri.

Canard aux navets. — Vider et flamber le canard, le mettre dans une casserole où on aura fait fondre du beurre, le retirer lorsqu'il aura pris couleur et le remplacer par des navets coupés en ronds; faire jaunir les navets, puis ajouter deux ou trois cuillerées d'eau chaude, un bouquet de persil, du sel et du poivre. Remettre ensuite le canard avec les navets, et achever la cuisson.

Oie en ragoût. — Couper l'oie par morceaux; faire revenir ces derniers dans une casserole avec du beurre, assaisonner avec sel et poivre; puis, quand l'oie sera bien roussie, ajouter une ou deux cuillerées de farine, un peu d'eau, une certaine quantité de marrons légèrement rôtis, et laisser cuire.

Oie rôtie. — Il faut au moins deux heures pour faire rôtir une oie. On peut la farcir avec des marrons épluchés et écrasés, et mélangés avec un peu de viande de porc, ou simplement avec des marrons à moitié rôtis. La graisse qui s'écoule sera recueillie à part et conservée pour accommoder des légumes.

Pigeons aux petits pois. — Faire revenir les pigeons dans le beurre, avec de petits morceaux de lard; ajouter un peu de farine, sel et poivre; mouiller avec de l'eau chaude, et, quand ils sont cuits, servir avec des petits pois préparés au lard.

Pigeons frits. — Couper les pigeons en quatre, les mettre dans la poêle avec du beurre, laisser cuire en tournant de temps en temps, saler et poivrer; les retirer du feu et servir en ajoutant à la sauce, au dernier moment, un peu d'eau, une cuillerée de vinaigre et du persil haché.

Lapin.

Gibelotte de lapin. — Découper le lapin et mettre les morceaux dans une casserole dans laquelle on aura préparé un roux avec du beurre et un peu de farine; ajouter de petits morceaux de lard, mouiller avec de l'eau chaude ou avec du vin blanc, assaisonner avec sel, poivre et bouquet garni, et faire cuire pendant une demi-heure. Ajouter ensuite quelques petits oignons passés au beurre.

Lapin sauté. — Découper le lapin comme pour la gibelotte, le mettre dans une casserole avec un morceau de beurre, saupoudrer de sel et poivre et faire sauter jusqu'à ce qu'il ait pris une belle couleur, ajouter du persil et des échalotes, le tout haché menu; faire sauter à nouveau, mouiller avec un verre d'eau, puis laisser bouillir pendant quelques minutes.

Quelques conseils sur la façon d'utiliser les restes.

Il est rare que, dans un ménage, il n'y ait pas des restes de viande ou de légumes à utiliser, qui, mis soigneusement de côté après le repas, dans un plat ou une assiette, en évitant d'y laisser cuiller et fourchette, ne puissent être représentés le lendemain ou jours suivants sous une autre forme. La bonne ménagère devra s'appliquer à en tirer le meilleur parti.

Bœuf. — S'il s'agit de bœuf bouilli, on coupera les restes de viande en tranches aussi minces que possible, que l'on fera réchauffer, dans l'une des sauces qui suivent : *sauce aux roux* et aux échalotes; *sauce piquante*, à laquelle on ne manquera pas finalement d'ajouter une cuillerée de vinaigre; *sauce aux oignons*, appelée aussi *sauce Robert; sauce tomate* et même *sauce à la maître d'hôtel;* en prenant la précaution de faire réchauffer les tranches en question, dans un peu de bouillon.

Pour le *bœuf rôti*, on pourra utiliser les mêmes sauces; mais toute viande préparée de cette façon ne manquant pas de durcir, si elle est soumise à une nouvelle cuisson, on prendra les précautions nécessaires pour qu'elle soit simplement réchauffée.

Les restes de bœuf rôti peuvent être réchauffés dans leur propre jus, s'il en existe. On peut aussi les servir froids, coupés en tranches, en versant dessus une *sauce vinaigrette* ou une *sauce à la moutarde.*

Bœuf en ragoût. — Un excellent moyen d'utiliser les restes de ce genre est de préparer un nouveau ragoût composé simplement de légumes, sur lesquels on placera, un peu avant le repas, des tranches de viande que l'on aura fait réchauffer.

Mouton. — La viande de mouton durcit très facilement; on évitera donc de la laisser bouillir en la réchauffant. Les préparations indiquées pour accommoder les restes de bœuf conviennent très bien pour les restes de mouton.

Veau. — La viande de veau ne gagne pas à être réchauffée. Le plus souvent elle se mange froide; mais on peut faire d'excellente *blanquette* en prenant la précaution de ne la laisser sur le feu que juste le temps nécessaire pour la réchauffer.

Les restes de tête de veau seront réchauffés, à défaut d'eau de cuisson, dans de l'eau salée. Ils seront accompagnés d'une *sauce à la vinaigrette.*

Porc. — La viande de porc rôti se mange généralement froide avec des pommes de terre. Si on la fait réchauffer, elle est servie sur une purée de pommes de terre ou de haricots.

S'il s'agit de viande bouillie, on fera tremper dans une marinade, et on la servira accompagnée d'une *sauce Robert* ou d'une *sauce ravigote.*

Quant aux restes de *volaille rôtie*, ils se mangent ou froids ou préparés en blanquette.

La poule qui aura servi à faire du bouillon se réchauffe dans ce dernier et est mangée à la *sauce blanche.*

Les restes des *plats de légumes* peuvent être réchauffés

tels, s'ajouter à un nouveau plat ou être utilisés pour certaines soupes.

Poissons de mer.

Faire dessaler tous les poissons salés en les mettant tremper, pendant douze heures, dans de l'eau fraîche, que l'on changera trois fois.

Morue aux pommes de terre. — Mettre la morue dans l'eau froide, avec oignons et pommes de terre épluchés, la retirer au bout d'un quart d'heure, pour éviter qu'elle durcisse, puis faire cuire les pommes de terre qui seront ajoutées autour. La morue est ensuite mise en morceaux, puis servie avec une sauce blanche aux câpres, une sauce au beurre noir, ou simplement à l'huile et au vinaigre.

Morue frite à l'huile. — Couper la morue en morceaux, rouler ces derniers dans la farine et faire frire dans l'huile très chaude; ajouter à la friture quelques oignons coupés en tranches.

Harengs. — Faire cuire sur le gril ou dans un plat avec beurre et chapelure, puis laisser gratiner.

Sardines. — Faire cuire comme les harengs.

Raie. — Faire cuire dans de l'eau avec sel, poivre, carottes et oignons; laisser égoutter, puis verser dessus une sauce au beurre noir ou une sauce blanche avec sel, poivre et persil haché.

Moules.

Moules au naturel. — Les laver avec soin, puis les mettre à sec, dans une casserole, pour les faire ouvrir; ajouter de la mie de pain écrasée, du poivre, du persil haché, et laisser cuire doucement pendant un quart d'heure.

Moules à la poulette. — Laver les moules à plusieurs eaux, les faire ouvrir sur le feu, enlever une coquille à chacune, les ranger sur un plat, verser dessus une sauce à la poulette et saupoudrer de persil haché fin.

Moules en salade. — Une fois les moules ouvertes, les servir, dépouillées de leurs coquilles, dans un saladier; y ajouter de la laitue, de la chicorée et assaisonner avec huile et vinaigre, sel et poivre.

Sole frite. — Nettoyer, vider et saupoudrer de farine, mettre dans une friture très chaude, laisser égoutter, puis servir avec du persil frit dans du beurre et un citron.

Sole normande. — Faire cuire dans le beurre avec de l'oignon haché, quelques feuilles de persil, un peu de thym, du sel, du poivre et du vin blanc. Lorsque la sole est à moitié cuite d'un côté, la retourner de l'autre et la retirer après cuisson à peu près complète, pour la mettre sur un plat réchauffé, puis préparer la sauce. Pour cela enlever de l'eau de cuisson le thym et le persil, ajouter des jaunes d'œufs, verser la sauce sur le poisson, après l'avoir fait suffisamment réduire, et terminer la cuisson sur un feu doux.

Poissons d'eau douce.

On doit enlever les écailles des poissons et les vider en ouvrant le ventre.

Poissons frits. — Ce mode de préparation convient à tous les poissons d'eau douce. S'ils sont un peu gros, on les fendra dans toute leur longueur, pour assurer une bonne cuisson.

Une fois les poissons préparés, les saler et les saupoudrer de farine, les jeter ensuite dans la friture bien chaude; les retourner tantôt d'un côté, tantôt d'un autre, avec une fourchette ou une écumoire, jusqu'à ce qu'ils soient bien rissolés.

Poissons au court-bouillon. — Mettre de l'eau dans une marmite, ajouter un verre de vin, carottes, oignons coupés, sel, poivre et bouquet garni, et faire bouillir vingt minutes; y jeter ensuite les poissons, faire cuire un quart d'heure, les faire égoutter et servir avec huile et vinaigre.

Anguille frite. — Dépouiller et vider l'anguille; puis, si elle est un peu grosse, la couper en morceaux de dix centimètres; la mettre dans une casserole avec du vin blanc, des oignons coupés en tranches, des carottes, du thym, du laurier, un morceau de beurre, du poivre et du sel. Retirer lorsqu'elle est à peu près cuite, la paner et laisser refroidir.

Anguille à la tartare. — Après l'avoir dépouillée et vidée, faire mariner l'anguille, quelques heures, dans un mélange d'huile, de sel, poivre, échalotes hachées; la faire cuire avec la marinade dans une casserole et arroser de temps en temps.

Lorsque l'anguille est cuite, la servir avec une sauce à la tartare.

Escargots.

Les **escargots** constituent un mets très en faveur dans les campagnes. Ils sont presque toujours servis sans être retirés de leur coquille et préparés de la façon suivante.

Après avoir été préalablement soumis à un long jeûne de deux mois, dans le but d'éviter les accidents causés par les herbes malfaisantes qu'ils auraient pu consommer, on lave les escargots à l'eau froide légèrement salée; on les met ensuite dans la quantité d'eau nécessaire, pour leur cuisson, avec sel, poivre et deux feuilles de laurier; laisser cuire pendant deux heures, puis servir avec une sauce à l'ail.

Pour préparer cette sauce, faire roussir du beurre dans une casserole, ajouter de la farine, bien mélanger le tout, y jeter une gousse d'ail et quelques feuilles de persil, le tout finement haché, mouiller avec de l'eau chaude, dans laquelle on aura versé plusieurs cuillerées de vinaigre, et faire bouillir le tout pendant un quart d'heure.

Laitages.

Riz au lait. — Le riz que l'on vend décortiqué dans le commerce, c'est-à-dire privé de son écorce, constitue un excellent aliment, à la fois nourrissant et digestif.

Voici, d'après Mme Millet-Robinet, comment on prépare le *riz au lait*.

Le riz étant préalablement trié et lavé à l'eau tiède, puis égoutté, le mettre dans une casserole avec la moitié du lait qui doit être employé et le placer sur un bon feu. Lorsque le riz est crevé à point, ajouter le restant du lait froid, sucrer et saler légèrement. Laisser bouillir un instant, puis couvrir le feu afin que la cuisson s'achève lentement.

Mil ou millet. — Le *mil* ou *millet*, dont la culture est assez répandue en Vendée, est consommé avec plaisir dans les fermes et donne lieu à la préparation suivante :

Une fois ce grain privé de son écorce, soit après l'avoir pilé légèrement dans un récipient spécial qui porte le nom de *pile-mil*, ou après l'avoir simplement fait passer dans un moulin à poivre et soigneusement débarrassé des moindres pellicules, on le jette dans le lait bouillant et on remue constamment jusqu'à cuisson complète.

Le mil se consomme froid et on le sert accompagné de sucre râpé.

Bouillie. — La *bouillie* se fait presque toujours avec de la farine de froment.

Verser peu à peu le lait sur la quantité de farine jugée nécessaire, bien délayer afin d'éviter la formation de grumeaux, puis ajouter du sel ; mettre ensuite sur le feu et faire cuire pendant un quart d'heure, en continuant à remuer avec une cuiller de bois. Si la bouillie est trop épaisse, éclaircir avec un peu de lait. Sucrer pendant que la bouillie est sur le feu.

Caillebottes. — Verser du lait frais dans un vase un peu profond, compotier, soupière ou saladier ; faire tiédir, provoquer la formation du caillé en ajoutant quelques gouttes de présure, et maintenir la même température jusqu'à ce que toute la masse soit prise. On peut garnir le dessus de crème chauffée.

Les caillebottes peuvent être consommées telles ; mais il est d'usage dans les fermes, une fois le caillé formé, d'en poursuivre la cuisson jusqu'à ce que le petit-lait se sépare, et on aide à cette séparation en tranchant la masse avec un couteau.

Cette coagulation assez prompte du lait s'obtient facilement avec n'importe quelle présure ; mais il est d'usage, dans tout l'Ouest, de se servir de graines de cardon, plante dont il existe un ou deux pieds dans tous les jardins. Quelques-unes de ces graines, que l'on désigne sous le nom de *chardonnette*, sont réunies dans un petit sac de toile et trempées dans le lait.

Lait caillé. — L'emploi du lait caillé est très fréquent, en été, dans toutes les fermes. Il se forme naturellement, sous la couche de crème, dans les vases où on a déposé le lait.

Le caillé frais constitue un aliment sain et rafraîchissant.

Fromagette. — On désigne, sous ce nom, du lait caillé que l'on aura laissé égoutter pendant vingt-quatre heures, après l'avoir bien brassé avec du lait frais et un peu de crème.

Entremets divers.

Galettes de blé noir. — Délayer de la farine de blé noir avec du lait ou simplement avec de l'eau, de manière à former une bouillie claire, et saler; mettre ensuite la *galettoire*, — sorte de poêle avec rebord peu élevé, — sur le feu; étendre un peu de beurre avec un pinceau formé d'un linge roulé, puis verser la quantité de pâte nécessaire pour couvrir la surface d'une couche très mince. Laisser cuire, soulever au bout d'un instant la galette en préparation, pour s'assurer que le dessous a pris la couleur voulue, tourner et faire cuire de l'autre côté.

Une fois la galette enlevée, beurrer à nouveau et verser de la pâte.

Crêpes. — Préparer de la pâte à frire avec de la farine de froment, du lait et des œufs, ajouter un peu d'eau-de-vie, bien battre le tout et saler.

Cette pâte, qui se présente sous forme de bouillie très claire, sera préparée trois à quatre heures à l'avance.

Garnir le fond d'une poêle avec du beurre, verser une couche très mince de pâte, mettre sur le feu, et, lorsque la pâte sera colorée d'un côté, tourner de l'autre.

On peut procéder plus économiquement en mélangeant de l'eau au lait, en ne mettant que très peu d'œufs, et en se servant de saindoux ou d'une couenne de lard pour graisser chaque fois la poêle.

Beignets de pommes. — Prendre des pommes de bonne qualité et les couper en rondelles minces, que l'on fera mariner une heure ou plus dans de l'eau-de-vie. Préparer une pâte claire formée de farine et d'eau, dans laquelle on aura versé deux cuillerées d'eau-de-vie et jeté un peu de sel; laisser lever cette pâte pendant trois à quatre heures; y plonger ensuite les pommes, puis les retirer pour les jeter dans la friture.

On laissera les beignets dans la poêle jusqu'à ce qu'ils aient pris une belle couleur; saupoudrer de sucre et servir.

On fera une pâte beaucoup plus délicate en y mélangeant, au moment où on la prépare, quatre jaunes d'œufs et deux blancs, et en y ajoutant, un peu avant qu'on y plonge les pommes, deux blancs battus en neige.

On fera de même des beignets aux pêches, aux poires et aux oranges.

Tourtisseaux, bottreaux et merveilles. — Former une pâte avec de la farine, des œufs et du sucre; étendre, rouler et pétrir plusieurs fois cette pâte; la couper ensuite en ronds ou en tranches, et jeter le tout dans la graisse bouillante.

Galette ou alise pacaude. — Tamiser quatre à cinq kilogrammes de farine, faire une fontaine au milieu, dans laquelle on mettra deux douzaines d'œufs, un kilogramme de beurre, un kilogramme cinq cents grammes de sucre, un demi-verre de rhum ou d'eau-de-vie, ajouter quelques gouttes d'eau de fleurs d'oranger, puis bien pétrir le tout;

faire lever et mettre au four le lendemain, en ayant soin de chauffer un peu moins que pour le pain. Retirer au bout d'une heure.

Il est recommandé de ne pas faire la pâte trop dure et d'avoir soin de bien la sécher.

Ces galettes se préparent, dans un grand nombre de familles, à l'occasion de la fête de Pâques.

UTILISATION DES FRUITS

On fait avec les fruits des compotes, des marmelades, des confitures et des gelées.

Compotes. — Tous les fruits employés pour faire des compotes sont laissés entiers ou sont seulement coupés en quartiers, et on les fait cuire avec un peu d'eau et de sucre, en y ajoutant, si on le juge à propos, un peu de beurre. On peut relever le goût, au besoin, avec de la cannelle, du citron ou du vin.

Quoique le sucre accommode bien les compotes, il n'est pas absolument indispensable d'en mettre; mais alors elles se conservent moins longtemps. Certains fruits, tels que les prunes, les cerises, les abricots, contiennent eux-mêmes leur sucre, et il faut en ajouter très peu.

Marmelade. — La marmelade est une préparation de fruits qu'une cuisson prolongée aura réduite en bouillie, et à laquelle une proportion de sucre plus forte que celle employée pour les compotes assure une plus longue conservation.

Les coings pressés, ainsi que les autres fruits ayant servi à la confection des gelées, cuits et sucrés, donnent une excellente marmelade, mais que l'on devra consommer dans un délai de quatre à cinq jours.

Marmelade de fruits mélangés (*poires, pommes et prunes*). — Prendre une certaine quantité de poires et de pommes pelées, des prunes Reine-Claude, et les mettre dans une casserole de dimension suffisante, avec un verre d'eau ; ajouter la proportion de sucre nécessaire, lorsque la cuisson a été faite à moitié ; maintenir ensuite l'ébullition à feu doux, pendant deux heures.

Confitures. — Les confitures ne diffèrent de la marmelade que par la plus grande quantité de sucre qui entre dans leur préparation, et la cuisson plus complète à laquelle elles sont soumises, deux conditions nécessaires pour assurer leur conservation.

Généralement on sucre à poids égal du fruit employé. On peut cependant faire de bonnes confitures de qualité courante, en réduisant quelque peu la proportion de sucre.

Confitures de cerises. — Enlever le noyau et la queue. Préparer un sirop avec du sucre et un peu d'eau, en mettant le même poids de sucre que de cerises. Faire bouillir le sirop, y jeter les fruits, laisser cuire une demi-heure environ. Une fois les fruits mis dans les pots, faire réduire le jus que l'on versera sur les cerises.

Confitures de prunes reines-Claude. — Enlever les noyaux et peser les prunes, mettre comme sucre la moitié du poids des fruits, laisser cuire à feu vif pendant trois quarts d'heure, en ayant soin de remuer souvent, mettre ensuite en pots.

Après trois ou quatre jours, recouvrir les pots d'un papier blanc préalablement imbibé d'alcool ou d'eau-de-vie.

Confitures de tous fruits. — Mettre comme sucre la moitié du poids des fruits. Mouiller le sucre ; quand il y a forte ébullition, mettre les fruits et laisser une heure,

Retirer les fruits; laisser cuire le sirop pendant vingt minutes, et verser sur les fruits.

Raisiné. — Le *raisiné* est une confiture très économique et en même temps très saine, qui peut rendre de grands services dans un ménage, et dont il convient de faire une ample provision quand le raisin est abondant.

Première manière. — Prendre des raisins mûrs, que l'on écrasera et dont on mettra le jus dans un chaudron. Faire cuire dix à douze minutes en remuant, passer au tamis, remettre dans la bassine sur feu modéré et faire recuire en remuant de temps en temps.

Quand la confiture commence à épaissir et est réduite des deux tiers, remuer constamment jusqu'à ce qu'elle ait pris la consistance nécessaire. Mettre à ce moment-là en pots.

Seconde manière. — Faire bouillir à gros bouillons, dans une bassine, du moût de raisin blanc ou rouge, et, lorsqu'il commencera à épaissir, y ajouter des poires soigneusement pelées et coupées en quartiers, quelques quartiers de coings, des carottes et des betteraves coupées menu.

Lorsque les fruits et légumes sont parfaitement cuits et qu'en coupant les morceaux en deux, on les trouve pénétrés jusqu'au centre par le jus de raisin et que le tout ne forme plus qu'une masse compacte, le raisiné est cuit, et on peut le mettre en pots.

Il est indispensable de remuer sans cesse à partir du moment où le moût commence à épaissir.

Gelées.

On désigne sous le nom de *gelées* des confitures faites avec le seul jus des fruits.

Gelées de groseilles. — Choisir des groseilles bien mûres, les égrener, puis les passer dans un linge, pour en extraire le jus. Mettre ce jus dans une bassine avec un poids égal de sucre cassé en petits morceaux. Faire bouillir et écumer.

On reconnait que la gelée est assez cuite, quand une goutte, mise sur une assiette, se congèle en refroidissant.

Il faut environ une demi-heure d'ébullition sur un feu doux.

Gelées de pommes. — Peler les pommes, les couper en morceaux et enlever les pépins. Les mettre dans l'eau bouillante pendant quelques minutes, puis les plonger dans l'eau froide et les remettre au feu; une fois cuites, les jeter sur la passoire et laisser bien égoutter sans presser. Passer le jus ainsi obtenu, le remettre sur le feu avec un poids égal de sucre et faire bouillir pendant dix minutes.

On opérera de même pour la gelée de poires et la gelée de coings.

Quelques jours après que les confitures sont mises en pots, on a soin de les recouvrir. On taille un rond de papier que l'on trempe préalablement dans de l'eau-de-vie, et qu'on applique immédiatement sur la confiture.

Le papier ne doit pas s'étendre sur les bords. On couvre ensuite le pot avec un second papier maintenu par une ficelle, sur lequel on inscrit les indications nécessaires, c'est-à-dire l'espèce de confiture et l'année de sa préparation.

LES BOISSONS

L'eau.

L'eau, qui joue un si grand rôle dans l'alimentation, se présente à nous à l'état liquide, à la température ordinaire; à l'état solide, sous l'influence du froid; à l'état gazeux, sous l'action de la chaleur. On sait que l'eau se congèle à 0° et entre en ébullition à 100° centigrades.

En se transformant en glace, l'eau occupe un volume plus considérable qu'à l'état liquide, et c'est sous l'effet de cette dilatation que se brisent les vases dans lesquels l'eau s'est congelée, et que s'effritent les pierres de construction très poreuses, que l'on qualifie de *gélives*.

L'eau se transforme en gaz par l'*évaporation*, opération qui a lieu à la température ordinaire et amène une réduction très lente du liquide, et par la *vaporisation*, changement d'état qui se fait sous le coup d'une température déterminée, lorsque l'on chauffe, par exemple, jusqu'à l'ébullition.

C'est en ayant recours à la vaporisation qu'on obtient l'*eau distillée*.

La meilleure eau, pour le service d'une maison, est l'eau de source, ou de puits, à la condition toutefois qu'elle soit mise à l'abri de toute infiltration pouvant altérer sa pureté.

La qualité de cette eau dépendra naturellement du terrain qu'elle aura traversé. Presque pures dans les terrains granitiques, les eaux de source et de puits laisseront quelquefois à désirer dans les terrains schisteux et marécageux. Il est donc indispensable, si on creuse un puits, de faire choix d'un emplacement suffisamment éloigné de l'habitation et des étables.

Il faut se rappeler que les matières organiques sont les causes les plus fréquentes de l'altération des eaux, et que c'est presque toujours par les eaux ainsi contaminées que se propagent les épidémies.

Des eaux de cette nature sont impropres aux usages domestiques et doivent être absolument rejetées. Dans le doute, il est prudent de les faire analyser.

Les eaux employées comme boisson ou pour la préparation des aliments doivent être claires, transparentes, agréables au goût, suffisamment aérées, fraiches en été et d'une température moyenne en hiver. Elles doivent, de plus, bien dissoudre le savon et bien cuire les légumes.

Boissons aromatiques.

Au nombre des boissons aromatiques, se trouve en première ligne le **café**, dont l'usage se répand de plus en plus dans les ménages à la campagne.

Le café est un excitant et un stimulant; il peut avoir une action favorable sur la digestion et combat le sommeil et la fatigue; mais, contrairement à ce que l'on croit généralement, il ne constitue pas un aliment et ne répare pas les forces.

Les cafés se désignent par le nom du pays qui les produit. Les principaux sont : le *moka*, le plus riche en arome, mais qui est très rare dans le commerce; le *café Martinique* et le *café Bourbon*. On obtient un très bon mélange avec moitié café Bourbon et moitié café Martinique.

La *torréfaction* a pour but de développer l'arome du café. Cette opération ne se fait bien complètement qu'au moyen d'un appareil qui porte le nom de *brûloir*, espèce de moulin tournant sur le feu.

Le café ne doit pas être moulu trop longtemps à l'avance. Les falsifications du café sont nombreuses, aussi bien pour celui qu'on achète *en grains* que pour celui qui est *en poudre*. Un moyen très simple de reconnaitre la présence de la chicorée dans le café moulu, c'est de projeter quelques pincées du café que l'on suspecte à la surface d'un verre rempli d'eau. S'il n'est pas mélangé avec de la poudre de chicorée, il surnagera; dans le cas contraire, la chicorée tombe au fond du verre et colore l'eau en jaune.

Le meilleur procédé pour faire infuser le café, c'est de se servir de cafetières à filtre qui sont d'un usage courant partout; mais on peut aussi déposer simplement la quantité de poudre voulue dans une cafetière échaudée, verser lentement l'eau chaude pour que l'infusion soit aussi parfaite que possible, puis recouvrir avec soin la cafetière afin que les substances volatiles du café ne s'évaporent pas. La meilleure température pour l'eau sera celle qui avoisine le point d'ébullition sans le dépasser.

Café économique.

Il peut y avoir avantage, dans les années où le vin est rare, à donner un peu de café aux gens de la ferme, et alors on le prépare en assez grande quantité, en y ajoutant un peu de chicorée qui rendra le café plus noir.

On verse pour cela de l'eau froide sur le grain brûlé et moulu, on fait bouillir pendant dix minutes, on laisse refroidir et on décante au bout de cinq à six heures. Cette première opération faite, on épuise le même marc en le faisant bouillir dans une nouvelle quantité d'eau, et on décante le lendemain. On mélange ensuite les deux décoctions.

C'est avec du café obtenu de cette façon qu'on coupe l'eau que les travailleurs absorbent, en dehors de leurs repas, pendant les grandes chaleurs.

Le chocolat.

Le **chocolat** devrait être, en principe, un mélange à poids égal de cacao et de sucre; mais peu de produits sont aussi falsifiés, et il y a lieu de se défier de celui qui est trop sucré.

D'après sa composition, le chocolat est, à la fois, excitant et nourrissant et constitue ce qu'on appelle un aliment complet.

Le chocolat se prépare à l'eau ou au lait; le premier est naturellement plus léger, puisqu'il contient moins de matières grasses.

Pour préparer le chocolat, on le divise en morceaux, on y ajoute un peu d'eau, puis on remue jusqu'à ce qu'il soit fondu; on verse ainsi le mélange dans un liquide bouillant, eau ou lait, et on laisse mijoter pendant douze à quinze minutes.

Boissons fermentées.

Le vin n'est pas une boisson indispensable; mais il constitue une boisson saine et agréable, et, comme la culture de la vigne est très répandue dans toute la région, il existe bien peu d'exploitations où sa consommation n'est pas d'un usage courant, au moins pendant les grands travaux.

Ce sont surtout les vins blancs, dont la qualité est très variable suivant les cépages et le terrain, que l'on cherche à produire; mais, depuis l'introduction des hybrides américains, certaines parties du département ont aujourd'hui une préférence marquée pour les vins rouges légers.

Presque tous les vins récoltés, sauf dans les années exceptionnelles, sont consommés sur place.

Si le vin doit être bu assez rapidement, on le laisse dans la barrique où l'on prend chaque jour la quantité nécessaire pour le ménage.

On évitera l'altération qui peut toujours se produire

dans un tonneau en vidange, en prenant la précaution de filtrer l'air qui pénètre par la bonde, en plaçant sur cette dernière un peu de ouate stérilisée.

Le cidre est une boisson beaucoup moins chargée d'alcool que le vin.

On obtient le cidre par la fermentation du jus sucré des pommes. Ces dernières, bien écrasées, sont abandonnées, pendant vingt-quatre heures et plus, dans un tonneau bien étanché, où la pulpe prend la couleur jaune qu'elle donnera au cidre.

Lorsque vient le moment du pressurage, les pulpes sont réunies en tas et réparties sur plusieurs couches de paille, qui ont pour but de diviser la masse et de permettre au jus de s'écouler plus facilement.

Le premier jus obtenu forme le cidre de *pure goutte*, que l'on met dans des futailles et que l'on soutire après fermentation.

Le cidre tiré à la pièce, pour la consommation journalière, s'aigrit souvent. On prévient cette modification en versant à la surface du liquide de l'huile comestible de bonne qualité, qui doit former une couche légère de deux à trois millimètres d'épaisseur.

Quand le cidre noircit, on y ajoute un peu de tannin, que l'on fait dissoudre dans de l'alcool.

Boisson de ménage.

On peut obtenir une excellente *boisson de ménage* en plaçant des pommes, simplement coupées ou légèrement écrasées, dans un ton[illegible]au défoncé dont on replace le fond, et que l'on remplit a[illegible]sitôt d'eau.

Au bout de quelques jours, la boisson est prête; on met la barrique en perce, en ayant soin de remplacer immédiatement par de l'eau pure la quantité de liquide enlevé. Cette boisson, qui ne tarde pas, il est vrai, à perdre sa force, est assez agréable au goût et peut rendre de grands services dans un ménage, aux époques où les journées sont moins longues et le travail moins fatigant.

Ce procédé est applicable à toute espèce de fruits : raisins frais ou secs, poires ou pommes séchées au four, cormes, etc.

MAISON ET TENUE DU MÉNAGE

Il est rare qu'on ait à construire une maison et les différentes servitudes qui en dépendent sur un terrain absolument neuf. Presque toujours, il y a à se préoccuper de tel ou tel bâtiment qui doit être conservé, et qui exercera, par suite, une certaine influence sur le plan d'ensemble auquel on se sera arrêté. Mais qu'il s'agisse d'une nouvelle construction ou même d'une simple réparation, certaines règles sont à observer qu'il est utile de faire connaître.

Sol. — Une maison doit avant tout être saine, par suite un peu élevée au-dessus du sol, et on prendra d'autant plus de précautions à cet égard, que le terrain sur lequel on construit est plus humide et moins perméable.

Si cette première condition n'a pas été observée, ce qui se présente pour un grand nombre de vieilles constructions rurales, on remédiera aux inconvénients qui en résultent, en faisant le nécessaire pour faciliter l'écoulement des eaux de pluie.

Orientation. — La meilleure orientation dans notre contrée, où les chaleurs ne sont jamais très grandes, est celle du midi. Celle de l'ouest est la moins favorable, en raison des grands vents qui nous viennent de la mer et sont chargés d'humidité. Il est même à conseiller, quand la chose est possible, de s'abriter dans cette direction, au moyen de quelques arbres plantés à une certaine distance.

Entourage et abords. — S'il s'agit d'une maison destinée au logement d'un simple ménage d'ouvriers agricoles, rien n'est plus facile à ceux qui l'habitent que d'en disposer les alentours d'une façon commode et agréable; mais la chose est plus difficile, quand on se trouve en présence d'une installation comprenant des bâtiments destinés à loger des animaux et constituant un vrai corps de ferme.

La ménagère n'a pas évidemment à faire exécuter elle-même les travaux d'assainissement et d'empierrement que la circulation constante des animaux et des attelages rend indispensables; mais il lui appartient, dans une certaine mesure, d'en réclamer le bon entretien et d'exiger que les abords immédiats de la maison soient pavés ou macadamisés et toujours maintenus en excellent état.

Si, par suite d'une situation toute spéciale, le tas de fumier se trouve un peu rapproché, l'inconvénient résultant de ce voisinage sera bien atténué pour peu qu'on lui donne les soins nécessaires, si, par exemple, la plate-forme destinée à le recevoir est suffisamment relevée, et si le purin qui s'en écoule est reçu dans une fosse parfaitement étanche.

On donnera un aspect agréable à la plus modeste habitation, en en garnissant les murs, aux expositions qui conviennent, de treilles soigneusement taillées et maintenues à l'aide de pattes-fiches de force suffisante.

La maison. — C'est en pénétrant dans l'intérieur d'une maison qu'on juge de la valeur de la ménagère, car elle y règne en maitresse, et, à défaut de luxe, on doit y rencontrer la plus grande propreté. Cette dernière est d'autant plus indispensable, que l'obligation où on est de vivre souvent nombreux dans une ou deux pièces seulement, pourrait, s'il en était autrement, créer une situation nettement défavorable.

Presque toujours ces chambres, quelles que soient les dimensions qu'il est d'usage de leur donner, seraient insuffisantes au point de vue du cube d'air respirable, si une grande cheminée ne venait en assurer la bonne ventilation.

Il y aura toujours avantage, au point de vue de la salubrité, à ne conserver qu'une porte s'ouvrant au midi, et à remplacer celle qui lui fait souvent face au nord, d'où un courant d'air qui est la cause de bien des maladies, par une fenêtre qui donnera de la lumière et permettra une parfaite aération des pièces.

Les murs devront être blanchis à la chaux, et ce badigeonnage, qui a pour but de les protéger contre l'humidité et de détruire en même temps les poussières malsaines qui s'y attachent, devrait être renouvelé tous les ans.

Le côté défectueux de toutes les pièces situées au rez-de-chaussée est surtout leur mode de pavage, formé le plus souvent par une simple couche de terre argileuse battue, très humide en hiver, et que l'on remplace peu à peu par des carrelages, en pierre, en terre cuite ou en ciment.

Un intérieur agricole idéal sera évidemment celui qui, réunissant les conditions ci-dessus, sera pourvu, en outre, de quelques meubles simples et solides, soigneusement entretenus, dans lequel des fenêtres aux vitres nettoyées chaque semaine laissent pénétrer une bonne lumière, faisant ressortir sur la muraille blanchie les images pieuses et les photographies de membres de la famille, qui y ont été placées.

Ménage. — La tenue d'un ménage, dans les habitations rurales, demande d'autant plus d'intelligence et de savoir-faire, que précisément la pièce principale sert à la fois de cuisine, de salle à manger pour les gens, et de chambre à coucher, et que, par suite, de plus grands soins doivent lui être donnés.

Lits. — Jusqu'à ces dernières années, les seuls lits en usage dans un intérieur rural étaient les lits *en quenouille* ou *à la duchesse*, dont la charpente, toujours très primitive, disparaissait sous les rideaux et sous la grande courte-pointe qui en garnissait le dessus et les côtés. Ces lits, que l'on était obligé de placer à une certaine distance du mur pour pouvoir circuler autour, occupaient beaucoup de place, et c'est avec raison qu'on les remplace peu à peu par des lits dits *à bateau*, à boiserie plus complète et plus solide, qui peuvent être rendus mobiles à l'aide de roulettes en fer ou en bois.

Comme les rideaux adaptés à ces lits seront presque toujours fermés la nuit, ils devront être disposés de telle façon que ceux qu'ils doivent abriter et isoler, aient à leur disposition, pendant leur sommeil, toute la quantité d'air nécessaire.

Des rideaux attachés trop bas, que l'on aura pas eu soin de relever suffisamment à la tête et au pied du lit, ne laissent bientôt, à ceux qui sommeillent, qu'une atmosphère viciée par la respiration et tout à fait nuisible à la santé.

Intérieur du lit. — L'usage des sommiers à ressorts commence à se répandre; mais, malgré les nombreux avantages qu'ils présentent, pendant longtemps encore la *paillasse* leur sera préférée dans les campagnes, par suite de la facilité avec laquelle on peut l'établir partout et la renouveler. La paille de froment est celle qui convient le mieux dans la contrée. Là où on cultive le maïs pour son grain, on a avantage à remplacer cette paille par les organes foliacés qui entourent l'épi, que l'on désigne improprement sous le nom de *paille de maïs.*

Sur le sommier et à son défaut sur la paillasse, on a l'habitude de placer une *balline* ou *ballière*, sorte de matelas non piqué, rempli de balle d'avoine bien triée. Cette balle d'avoine forme une couchette douce, chaude et très saine; mais il est évident qu'un matelas de laine et de crin lui est préférable. Pour un grand lit, un matelas demandera huit kilogrammes de laine et douze kilogrammes de crin. Cette laine doit être soigneusement lavée et dégraissée avant d'être placée dans l'intérieur d'un matelas.

Des matelas qui servent continuellement seront refaits tous les trois ou quatre ans, et on profitera de l'occasion pour en laver les toiles.

On conseille l'emploi du crin pour les traversins; mais ils sont presque toujours remplis avec de la plume. La plume d'oie doit être préférée à la plume de canard ou d'autre volaille.

La toile employée pour la confection des traversins sera soigneusement cirée, pour empêcher que la plume qu'elle est chargée de contenir ne passe à travers.

On désigne sous le nom de *couette* un matelas rempli de plumes que l'on se dispense de piquer. La meilleure plume pour remplir une couette est la plume d'oie; vient ensuite la plume de canard, puis celle de poule, qui est beaucoup plus lourde.

La couette, qui est d'un usage général à la campagne, se place immédiatement au-dessus de la *balline* ou *ballière;* mais il y a lieu de protester contre la mauvaise habitude, prise dans un grand nombre de ménages, de coucher sous une seconde couette, ce qui est absolument antihygiénique, tout cet amas de plume ne servant qu'à gêner la respiration et étant tout à fait inutile, la chaleur pouvant aussi bien se conserver sous deux couvertures, une de laine et une de coton, et un couvre-pied plus ou moins épais pendant les grands froids. Lorsque la température se réchauffe, on enlève soit le couvre-pied, soit une des couvertures. En se couvrant trop, on s'expose à avoir un mauvais sommeil et des cauchemars.

Un *couvre-lit*, qui peut être en étoffe de fantaisie, donnera très bon air à la chambre et garantira couvre-pieds et couvertures de la poussière.

Toutes les différentes pièces composant un intérieur de lit, à l'exception de la paillasse, dont le déplacement est plus difficile, seront exposées, de temps en temps, au grand air, soigneusement battues, puis brassées pour enlever la poussière et empêcher les teignes et autres insectes de s'introduire dans les tissus.

Manière de faire un lit. — Une fois les fenêtres ouvertes ou même la porte, lorsqu'il s'agit de chambres au rez-de-chaussée communiquant directement dehors, afin d'aérer le plus possible la pièce, on enlève complètement les couvertures, les draps et le traversin, que l'on dépose sur deux chaises placées vis-à-vis l'une de l'autre; puis, après avoir replié le matelas et la couette sur eux-mêmes, brassé et soulevé, s'il y a lieu, la paille de la paillasse, on les remet en place en retournant le premier sens dessus dessous, pour éviter qu'il se déforme, et en remuant et en égalisant la plume de la couette.

Ceci fait, on replace le premier drap, en mettant toujours le même côté en dessus et le même bout en haut du lit; le traversin est recouvert par la partie haute du drap, on le borde, et cette opération se continue tout autour du lit. Le second drap se met à l'envers, c'est-à-dire son endroit faisant face à l'endroit du premier, de manière à ce que la marque se trouve en dessus quand la partie jetée sur le traversin sera rabattue sur les couvertures. Ce drap est tout d'abord bordé aux pieds, puis tout autour du lit, et on fait de même pour les couvertures.

Quand il y a des oreillers, on les place sur le traversin, et on étend le couvre-lit.

Les draps de lits et les couvertures devront toujours être disposés dans le même sens, et de plus, pour les premiers, on évitera d'en intervertir l'ordre.

Quand les lits sont faits, — c'est la première opération à laquelle on se livre quand on fait une chambre, afin que la poussière ne vienne pas salir les draps, — on s'occupe de balayer, d'épousseter et de mettre chaque chose à sa place.

Balayage et époussetage. — Pour bien balayer, il faut éviter de secouer le balai, ce qui soulève des nuages de poussière; on le promène doucement sur le carrelage ou sur le plancher, en commençant dans un angle de la pièce à nettoyer, et on avance avec ordre en prenant la précaution d'enlever le *bourrier* à mesure. S'il s'agit d'une cuisine, d'une pièce où l'on pénètre directement du dehors avec des sabots plus ou moins terreux, on arrosera légèrement pour que la poussière ne s'élève épaisse et ne vienne retomber sur les meubles et sur les ustensiles de cuisine. Un arrosage plus complet contribuerait à former une boue difficile à enlever.

Comme il est nécessaire, avant d'essuyer les meubles, d'attendre que la poussière soit tombée, la ménagère profitera de ce moment pour préparer ses lampes et faire tel ouvrage, ayant rapport au ménage, qui ne lui prendra que quelques instants.

On enlève la poussière en essuyant soigneusement les lits, les armoires, les tables, les chaises, et on se sert pour cela d'un chiffon de laine ou de coton, que l'on secoue de temps en temps à la porte ou par la fenêtre. Le chiffon est préférable au plumeau, qui ne fait que changer la poussière de place.

Nettoyages extraordinaires. — Ces nettoyages ont lieu de loin en loin, et ils sont toujours précédés, quand il s'agit d'une pièce carrelée ou cimentée, d'un lavage complet, et voici comment on opère : on verse de l'eau un peu chaude et légèrement savonneuse, puis on frotte avec une brosse ou un balai de chiendent, en repoussant l'eau plus loin; on rince la partie lavée avec de l'eau claire, que l'on repousse comme la précédente, et on continue ainsi jusqu'à ce que tout le dallage soit bien propre. On aura soin de verser l'eau doucement pour ne pas salir les murs.

L'eau est ensuite enlevée avec une éponge, et on provoque un violent courant d'air, si la chose est possible, en ouvrant portes et fenêtres pour sécher la pièce.

Généralement on profite de l'occasion pour nettoyer les murs blanchis à la chaux, et on se sert, pour enlever la poussière qui s'y est attachée, d'un morceau de linge suffisamment épais, que l'on fixe solidement au bout d'un manche. On commence par le plafond, puis on continue par les murs, en ayant soin de n'imprimer au linge en question qu'un seul mouvement de haut en bas.

Ce linge sera secoué et même remplacé aussi souvent que cela sera nécessaire.

Vaisselle. — La vaisselle doit se laver dans de l'eau très chaude, mais non bouillante. Avant de plonger les assiettes et plats dans cette eau, on les débarrasse de tous les débris qu'ils contiennent, ce qui fait que l'eau se salit moins vite. On commence par les couverts que l'on essuie aussitôt; puis viennent les assiettes et les plats, et en dernier lieu les ustensiles de cuisine.

Sur les plats et les casseroles en métal étamé, on passe de la cendre bien sèche, puis on frotte avec un chiffon pour les rendre secs et luisants.

Cuivre. — Les ustensiles de cuisine et autres objets en cuivre se nettoient avec du tripoli. Il suffit pour cela de passer un chiffon humecté de vinaigre sur la poudre de tripoli, et on frotte l'objet en question, qui est ensuite essuyé avec un second linge. On emploie également, pour nettoyer le cuivre, du sable fin et certains liquides tels que l'eau d'or et l'eau de cuivre. On étend le liquide sur le cuivre, puis on frotte vigoureusement.

Évier. — L'évier ou pierre à laver d'une cuisine doit être tenu très proprement. Il est nécessaire pour cela de veiller à ce que son conduit ne soit jamais obstrué, que l'eau qu'on y jette s'écoule librement, et de nettoyer tous les jours l'évier lui-même avec une brosse en chiendent très résistante.

Il faut éviter d'y verser certaines eaux qui pourraient être une cause d'infection, telles que celles dans lesquelles ont trempé des haricots, où on a fait cuire des choux-fleurs, de la salade de chicorée. Il est préférable de porter directement ces eaux sur le fumier.

Vitres et glaces. — Si les vitres ne sont pas très sales, on les lave simplement à l'eau froide, avec une éponge, et on les essuie avec un linge ou une peau très souple. Lorsqu'il y a lieu de procéder à un nettoyage sérieux, on délaye un peu de blanc d'Espagne dans de l'eau, on enduit de ce mélange la surface vitrée et, avant qu'il soit complètement sec, on le frotte avec un linge. Quand tout le blanc a disparu, on frotte à nouveau avec un second linge.

On commence toujours l'opération par les vitres les plus élevées.

Le nettoyage des vitres ne se fait bien que par un beau temps; il est inutile d'entreprendre ce travail quand il pleut ou même par un temps simplement humide.

On peut procéder de la même façon pour les glaces; mais il est préférable de se servir simplement d'eau-de-vie étendue d'eau, que l'on étend avec un tampon de linge, et que l'on essuie aussitôt avec un linge bien sec ou avec une peau blanche et douce.

Nettoyage des meubles. — Les meubles peuvent être en bois blanc, en bois peint ou en bois poli ou ciré.

Pour nettoyer les meubles en bois blanc, on les dégraisse avec de l'eau savonneuse chaude, on les frotte au sable et à la craie bien pilée, en suivant le sens du bois, on rince à l'eau claire, puis on essuie avec soin.

Les bois peints peuvent être soumis à un lavage à l'eau de son, qui dégraissera la boiserie sans en altérer les couleurs. On a soin de commencer l'opération par le haut et d'essuyer ensuite avec un linge très propre.

Le meilleur son à employer pour ce lavage est le son de froment. On prépare le liquide en enfermant ce son dans de petits sacs, que l'on soumet à une forte ébullition, puis on laisse refroidir. Le liquide doit être employé à l'état tiède.

On donnera un certain lustre aux bois peints, une fois le nettoyage terminé, en les frottant avec un linge imbibé de deux parties d'huile de lin et d'une partie d'alcool.

Les meubles cirés s'entretiennent avec de l'encaustique, que l'on préparera comme il suit : prendre de la cire, la couper en petits morceaux et faire tremper ces derniers vingt-quatre ou quarante-huit heures, à froid, dans de l'essence de térébenthine. On étend ce cirage avec un chiffon spécialement affecté à la chose, et, après l'avoir laissé sécher quelque peu, on frotte vigoureusement avec un chiffon de coton d'abord, puis enfin avec un chiffon de laine.

Le bois des chaises se nettoie comme les meubles. Si la partie en paille ou jonc exige un sérieux nettoyage, on lavera avec un mélange d'eau et de savon. On frotte ensuite avec un chiffon et on fait sécher à l'ombre.

La table de cuisine sera l'objet de soins tout particuliers. Qu'elle soit ou non recouverte d'une toile cirée, elle devra toujours être d'une propreté irréprochable.

Les toiles cirées se nettoient très facilement avec de l'eau vinaigrée, en essuyant aussitôt avec un chiffon très sec. Une table peinte se lave de la même façon. Pour une table cirée, on procède comme pour les autres meubles.

Le grenier.

Il est rare qu'à côté du grenier, où sont déposés les grains, il n'y ait pas, surtout dans les fermes et métairies, un réduit quelconque, plus ou moins important, où s'entassent parfois de vieux meubles et divers objets tenus en réserve, et que l'on sera heureux de retrouver à un moment donné. Comme toutes les autres dépendances de la maison, cette pièce sera soigneusement rangée, balayée de temps en temps et tenue toujours très en ordre.

Vêtements.

Les tissus. — Le rôle des vêtements est, comme on le sait, de protéger le corps contre les intempéries auxquelles il est exposé pendant les différentes saisons de l'année. Mais, contrairement à ce que l'on croit généralement, ce n'est pas en nous fournissant de la chaleur que cette protection s'exerce, mais en s'opposant à la déperdition de la chaleur qui nous est propre et qui est la conséquence de la vie.

Les vêtements ne font donc que s'interposer entre l'air extérieur et notre chaleur naturelle qu'ils nous permettent de conserver, et on comprend, par suite, que plus le tissu choisi sera mauvais conducteur, mieux il répondra à ce qu'on attend de lui.

A propos de ce choix, il y a cette remarque à faire que, l'air étant mauvais conducteur de la chaleur, les étoffes les plus efficaces contre le froid sont celles qui peuvent loger et retenir entre leurs mailles une couche d'air relativement épaisse.

Ces mêmes étoffes constituent également la meilleure protection contre les rayons d'un soleil un peu ardent.

Il ressort de ces quelques explications que ce n'est pas l'étoffe la plus serrée qui formera le vêtement le plus chaud, mais l'étoffe souple, à texture molle et lâche, qui contiendra plus d'air. C'est ainsi que la laine largement tricotée est plus chaude que celle dont la trame est dense et plus serrée.

Si on fait un classement, à ce point de vue, des différentes substances qui conviennent à la fabrication des étoffes employées pour la confection des vêtements, on trouve en première ligne, en dehors des fourrures et de la ouate qui ne peuvent être d'un usage courant : la laine, puis la soie, le coton, le chanvre et le lin. La laine l'emporte de beaucoup sur les autres substances, de même que le coton est beaucoup moins bon conducteur de la chaleur que le chanvre et le lin.

C'est en raison de cette propriété que les tissus de coton seront préférés à la toile pour le linge de corps, dont l'influence sera d'autant plus grande, au point de vue de la température, que ce linge touchera immédiatement la peau.

Mais la couleur des tissus exerce aussi une grande influence, l'expérience ayant démontré que les couleurs noires et foncées sont plus facilement pénétrées par la chaleur que les couleurs claires et surtout que la couleur blanche, et que par suite elles sont chaudes en été et froides en hiver.

La couleur blanche peut donc être considérée comme la meilleure. Viennent ensuite les teintes qui en dérivent, c'est-à-dire les différentes variétés de gris, et, parmi ces dernières, seront préférées celles qui se rapprochent davantage de la couleur blanche.

Les tissus qui se laissent le plus facilement pénétrer par l'humidité sont les plus froids.

Nature des différentes étoffes. — C'est en examinant attentivement, à la loupe, les effilochures d'une étoffe, qu'on distingue le coton de la laine; cette dernière a un brin toujours plus ou moins contourné, tandis que la fibre du coton est au contraire très lisse. Les étoffes pure laine sont, par suite, beaucoup plus souples, plus moelleuses et se tiennent mieux, si on les froisse, que les étoffes qui sont laine et coton.

On distingue, dans un tissu, la *chaine* et la *trame*. La chaine est constituée par les fils que le tisserand tend d'abord sur le métier dans le sens de la longueur, et on donne le nom de trame à ceux que la navette fait passer entre les premiers dans le sens de la largeur. Une étoffe de laine peut avoir la chaine de coton, de même qu'une étoffe de coton peut avoir la chaine en fil. On reconnaitra qu'une étoffe est un mélange de laine et coton, en la pliant dans le sens de la trame. Lorsque le pli se maintient bien apparent, c'est que la chaine est en coton.

Les tissus de coton sont beaucoup plus souples et doux au toucher que ceux de lin. La toile de lin, plus rude au toucher, offre plus de résistance que celle de coton, et, si on effiloche un échantillon, l'effilure du lin est très nette, bien tordue et brillante. Les tissus de toile se déchirent difficilement.

Les tissus de fil de lin et de coton sont souvent blanchis; mais ils se présentent également sous forme de toile grise et de calicot écru, c'est-à-dire sans apprêt. Ces derniers ont l'avantage d'être plus résistants, et, comme ils blanchissent très facilement au lavage, on a tout intérêt à leur donner la préférence.

Les toiles, moitié fil de lin et moitié coton, sont beaucoup plus solides que les toiles seulement en coton; généralement la chaine est en coton, et la trame en fil.

Les costumes se sont grandement modifiés dans les campagnes depuis vingt à trente ans, grâce à la facilité avec laquelle les étoffes, dites de fabrique, pénètrent aujourd'hui partout, et viennent, par suite d'un bon marché plus apparent que réel, prendre la place des étoffes plus solides et en même temps plus hygiéniques dont on se servait autrefois.

C'est, en effet, bien souvent sous prétexte de réaliser une économie, qu'on s'est éloigné peu à peu des vieux tissus dont le prix semblait plus élevé, mais qui avaient une durée plus longue, se déformaient moins, et, après avoir servi pour la tenue des dimanches et fêtes, constituaient d'excellents vêtements de travail.

Combien, par contre, résistent peu actuellement certains tissus plus légers et plus brillants par lesquels on est tenté de les remplacer, et qui sont si rapidement défraichis et usés dès qu'ils ne peuvent plus être ménagés!

Que l'on se laisse aller à modifier la coupe de ses costumes pour obéir aux exigences de la mode, cela se comprend encore; mais il importe, avant tout, que les vêtements soient en rapport avec le genre de vie de ceux qui doivent les porter.

Les femmes surtout, sur lesquelles la mode a plus d'influence, doivent s'attacher à choisir des étoffes de bonne qualité, dont la couleur variera naturellement, suivant l'âge et aussi suivant le milieu dans lequel elles sont appelées à vivre; mais en se rappelant qu'à la campagne une couleur solide et peu salissante est surtout avantageuse.

Les tissus en laine conviennent mieux en hiver; pendant l'été, on donnera la préférence à ceux de fil et de coton.

On ne peut qu'engager tous ceux qui se livrent aux travaux des champs à ne pas perdre l'habitude de faire confectionner leurs vêtements et leur linge avec les matières premières, laine et lin, qui sont des produits de la ferme, et protester contre la regrettable tendance qui les porte trop souvent à se vêtir d'étoffes dont la qualité douteuse ne peut se prêter aux multiples exigences de leur rude et pénible besogne.

Comme il n'est pas dans les usages des gens de la campagne de porter des pardessus et manteaux, les mêmes vêtements servent aussi bien en été qu'en hiver, et on obvie aux inconvénients qui pourraient en résulter, en ayant recours à des gilets de laine en tricot, que l'on ajoute en dessous, dès que la température le commande.

La *blouse* est un excellent vêtement de travail qui a l'avantage de pouvoir se laver et permet, par suite, d'être toujours propre quand les circonstances le demandent. Ce surtout, vraiment très pratique, est le plus souvent en fil ou en coton, et quelquefois en laine et fil.

Pour arriver à faire la cueillette des feuilles de choux sans trop se mouiller, en hiver, on devra se couvrir d'une grande blouse caoutchoutée ou en toile rendue imperméable.

Pour les femmes, la blouse est remplacée par un *tablier*, plus ou moins ample suivant le travail auquel on doit se livrer, qui préservera la jupe, et sur certains points, on le complète par une partie légèrement échancrée qui vient recouvrir la poitrine.

Sabots. — Les *sabots* constituent la chaussure par excellence à la campagne, sabots tout en bois ou avec une large bride reposant sur le cou-de-pied, pour le travail, dont la forme varie quelque peu suivant les localités; sabots avec semelle en bois et le dessus tout en cuir, pour le dimanche, et qui, protégeant très bien le pied tout en restant légers, sont aujourd'hui définitivement adoptés par les femmes.

Les amateurs de pittoresque pourront regretter le petit sabot de bois découvert qui se portait il y a quelques années.

Le *chausson* en laine tricotée et mis par-dessus le bas est d'un usage général, sauf pour les travailleurs qui, en dehors des dimanches et jours de fête, donnent la préférence à une sorte de demi-chausson en cuir auquel on a donné le nom de *sabaron*, pourvu d'une tige remontante, garnie de boucles et formant guêtre, qui peut au besoin enserrer le bas du pantalon. Ce chausson, de forme spéciale et d'origine poitevine, serait excellent à tous les points de vue, s'il était porté avec des bas; mais presque toujours le pied y est mis à nu, et, comme le talon et le cou-de-pied sont seuls couverts et protégés, il laisse fortement à désirer au point de vue de la propreté. Il faut reconnaître cependant que ce genre de chausson met celui qui le porte à l'abri de bien des accidents, et que si on a soin de garnir l'intérieur du sabot d'une semelle de bonne paille souvent renouvelée, il ne présente aucun inconvénient sous le rapport de l'hygiène proprement dite.

Soins à donner aux vêtements. — Les vêtements soigneusement rangés dans une armoire, après avoir été nettoyés et bien brossés, se conserveront longtemps en bon état.

La place manquant presque toujours pour les suspendre, ce qui serait cependant préférable, on fera en sorte d'éviter qu'ils prennent de mauvais plis, et on les placera, avec toutes les précautions voulues, sur l'étagère qui leur est réservée.

Toutes ces précautions seront encore plus nécessaires, quand il s'agira de *robes*, *jupons* et *corsages*, dont le tissu plus léger devra être l'objet de soins plus minutieux.

Si ces vêtements doivent rester plusieurs mois sans servir, comme cela se présente à la fin d'une saison, la revue qu'on leur fera subir devra être d'autant plus sévère.

Les vêtements de laine sont plus difficiles à conserver, par suite des *teignes* qui s'attaquent, de préférence, à ce tissu.

On a recours à divers moyens pour les chasser, notamment à l'emploi de substances à odeur un peu forte, telles que le *camphre*, le *tabac*, la *naphtaline* qui est tirée du pétrole et possède une odeur très pénétrante.

C'est à tort que, sous prétexte de faire fuir ces insectes, on expose les vêtements en question à l'air ou à la chaleur; cette opération est au contraire désastreuse, si elle se fait au grand soleil; les mites qu'on se propose de chasser en profitent pour pénétrer davantage dans l'étoffe.

Enlèvement des principales taches. — Dès qu'on remarque une tache sur un vêtement, on doit s'empresser de l'enlever, sans attendre que la poussière ait pénétré dans le tissu et en rende le nettoyage plus difficile. C'est donc une excellente précaution à prendre que de passer les vêtements en revue, le lendemain du jour où ils ont été portés.

Avant d'essayer d'enlever une tache, la première chose à faire est de chercher à en reconnaître la nature.

Les *taches graisseuses* produites par des matières telles que l'huile, le beurre, graisses, etc., ou encore par le sucre, sont souvent enlevées par un simple lavage à l'eau tiède et au savon, opération qui se fait à l'aide d'une petite brosse; on rince ensuite à l'eau claire, et on laisse sécher.

Mais la potasse, qui se trouve dans le savon, pouvant nuire à certaines étoffes dont elle altérerait la couleur, on a recours, dans ce cas, à une application de *benzine,* huile volatile provenant du goudron de houille, qui doit se faire à l'aide d'un tampon bien imbibé. Grâce à la propriété qu'a la benzine de se vaporiser rapidement, une partie de la matière grasse est entraînée, et le surplus est absorbé par le tampon et par le linge que l'on aura eu la précaution de placer sous la tache. On complétera l'opération en saupoudrant la tache de craie finement pulvérisée ou de plâtre qui absorbera ce qui pouvait rester de matière grasse ou de benzine.

A défaut de benzine, on peut se servir d'*alcool.*

Les taches faites par la *boue* s'enlèvent avec de l'eau claire.

Pour les taches *de peinture,* on emploie l'essence de térébenthine, qui dissout l'huile qui a servi à faire la peinture et laisse libre la matière colorante, que l'on enlèvera avec la brosse. On peut aussi se servir de pétrole.

Taches de goudron et de cambouis. — On commence par imbiber l'étoffe d'huile qui a la propriété de dissoudre les deux substances en question; puis on la dégraisse, en ayant recours à la méthode indiquée plus haut.

On peut très bien remplacer l'huile par du beurre frais.

Taches d'encre. — Laver plusieurs fois le linge taché dans de l'eau fraîche, que l'on aura soin de renouveler; faire ensuite bouillir un peu de lait, y mettre tremper la partie tachée pendant quelques instants, savonner et rincer avec du lait bouillant. Cette double opération faite, il ne reste qu'une tache jaune, qui disparaîtra à la lessive.

Taches de bougies. — On peut avoir recours, pour enlever ces taches, à deux procédés différents. On recouvre la tache d'un papier buvard ou simplement d'un gros papier gris, et on passe un fer chaud jusqu'à ce que le papier soit imprégné de graisse. Si la tache reste graisseuse, ce qui arrive quand la bougie est de mauvaise qualité, on achève de la faire disparaître en la traitant par la benzine ou l'alcool.

Le second procédé consiste à mouiller l'étoffe à l'eau froide et à briser peu à peu la bougie avec l'ongle, jusqu'à ce qu'il n'en reste plus trace.

Taches de fruits. — Ces taches disparaissent souvent à la suite d'un simple traitement à l'eau bouillante. Si elles résistent, on aura recours au *soufrage*, opération qui consiste à faire brûler un peu de soufre au-dessous de l'étoffe. On rince ensuite à grande eau.

Quelques allumettes réunies remplacent très bien une mèche soufrée.

Dégraissage des cols d'habits. — On commence par frotter fortement ces cols avec un tampon de flanelle trempé dans un mélange d'ammoniaque et d'eau : puis on les racle, s'il y a lieu, avec le dos d'un couteau, pour enlever les matières graisseuses, en recommençant cette double opération autant qu'on le jugera nécessaire ; rincer ensuite les cols avec de l'eau claire, essuyer et repasser avant que l'étoffe soit complètement sèche.

Procédé à employer pour rafraîchir les étoffes de laine. — La meilleure substance pour laver les lainages noirs ou foncés, jupons ou tabliers en mérinos, en alpaga ou satinette, qui ont souvent besoin d'être rafraîchis, est le *bois de Panama*.

On fait bouillir, pendant deux heures, 150 ou 200 grammes de ce bois dans quelques litres d'eau ; on décante, on ajoute ensuite la quantité d'eau nécessaire pour que l'étoffe à laver puisse y tremper complètement. Une fois l'étoffe suffisamment imbibée, on la met sur une planche, sur laquelle on la brossera plus ou moins énergiquement, selon la force du tissu, sans jamais la frotter ou la tordre à la main; dans certains cas, on se servira même d'un tampon de drap. On fait ensuite sécher, puis on repasse à l'envers, quand l'étoffe est encore légèrement humide.

Quand il s'agit d'une étoffe blanche (laine et soie) un peu tachée, qui ne pourrait supporter le lavage, on se sert de craie finement pulvérisée, que l'on répand sur l'étoffe tendue. On frotte ensuite avec un tampon de flanelle, et on enlève la poudre, en secouant avec précaution. On peut remplacer la craie par la farine.

Les foulards de soie se lavent dans de l'eau de son et se repassent mouillés.

Chaussures.

Nettoyage et conservation. — Les chaussures ont à souffrir de l'humidité et en même temps de la grande sécheresse. Exposées à l'humidité, elles se couvrent de moisissures qui altèrent le cuir, et tout le monde sait que si elles restent mouillées elles se déforment et se rétrécissent.

Trop sec, le cuir devient dur au pied, se fendille et est vite hors d'usage.

C'est en vue de parer à ce double inconvénient qu'on a recours au cirage, qui n'est autre chose qu'un corps gras que l'on a coloré en noir, et qui, tout en permettant de tenir les chaussures dans l'état de propreté désirable, assure la bonne conservation du cuir et le rend plus souple aux pieds.

Les chaussures jaunes s'entretiennent très bien avec de l'encaustique ordinaire.

Une opération s'impose avant d'enduire les chaussures de cirage, celle de les nettoyer à fond, d'enlever par conséquent toute la boue qui peut les salir, et pour cela on se sert d'une vieille lame de couteau émoussée, ou d'un morceau de bois taillé ayant à peu près la même forme. On les brossera ensuite dessus et dessous, y compris la semelle, avec une brosse en chiendent. C'est après cela qu'à l'aide d'un petit bâtonnet, on met de place en place un peu de cirage que l'on étend avec une brosse spéciale ; on termine le travail avec une brosse dite *à reluire*.

On aura soin de mettre très peu de cirage, ce qui rend le travail plus facile d'abord, puis permet de toucher les souliers sans avoir à craindre de se graisser les mains.

Si on rentre avec des bottines ou des souliers mouillés, on évitera de les faire sécher près du feu, dans la crainte qu'ils se rétrécissent. Une bonne précaution pour les empêcher de se déformer est de les remplir de papier ou de chiffons fortement pressés ; mais, ce qui vaudra mieux encore, c'est de les bourrer à l'intérieur avec de l'avoine bien sèche, qui se gonflera au contact de l'humidité et forcera le cuir à se tendre.

Le pétrole assouplit le cuir des souliers durcis par l'humidité. On peut se servir aussi d'huile de pied de bœuf et de graisse, en frottant vigoureusement.

Le linge.

Le linge joue un grand rôle dans un ménage ; aussi toute maîtresse de maison soucieuse de son devoir doit-elle avoir à cœur de faire le nécessaire pour prolonger la durée de celui qui est en service et en assurer le renouvellement.

La fabrication de nouvelles pièces de linge est, au reste, rendue facile, grâce à la vieille habitude qui s'est conservée dans presque toutes les fermes de la région, de consacrer, chaque année, quelques ares de terre à la culture du lin, dont les précieux filaments, après avoir été soumis au rouissage d'abord, puis au teillage et au peignage, seront transformés en fil et livrés au tisserand.

Le filage à la quenouille ou au rouet se perd de plus en plus, depuis qu'il est facile d'envoyer filasse et étoupe aux filatures, dont le travail est plus parfait, et qu'un meilleur système d'éclairage permet aux femmes de faire des ouvrages de couture à la veillée. Le filage à la quenouille conserve néanmoins encore quelques adeptes.

Cette toile de ménage est tissée avec du fil plus ou moins gros, suivant qu'elle est destinée à confectionner des draps de lit, des torchons pour la cuisine, nappes, serviettes et essuie-mains.

Pour le linge de corps, on fait presque toujours entrer désormais dans sa fabrication une certaine quantité de fil de coton. La proportion est ordinairement de moitié.

Les différents tissus de coton employés dans la lingerie et fournis par le commerce prennent les noms de *calicot*, *madapolam*, *croisé*, *cretonne*, *basin*, *molleton*, *brillanté*, etc., suivant la force qu'ils présentent et le mode de tissage adopté pour chacun d'eux.

Ces tissus de coton sont très hygiéniques, plus solides et coûtent moins cher que ceux de toile; mais ces derniers sont plus agréables comme usage.

Quand on fera choix d'un tissu, on s'attachera à donner la préférence à l'étoffe qui semblera douce, bien fournie, dont les fils seront réguliers, et qui présentera le moins d'apprêt.

Toutes les toiles subissant un retrait important lors du premier lavage, on devra les mouiller avant de les employer. Elles se travailleront au reste plus facilement.

Le lavage du linge a une très grande importance au point de vue de son bon entretien, par suite de sa durée, et deux précautions sont à prendre à ce sujet : ne pas conserver trop longtemps du linge sale, sans *l'essanger*, c'est-à-dire le passer à l'eau, car il peut se détériorer; puis ne pas attendre qu'il soit trop souillé pour le mettre de côté, en raison des moyens plus énergiques qu'il sera nécessaire d'employer pour son blanchissage, et qui ne peuvent que contribuer à en amincir les fils et à l'user.

Il est préférable de suspendre le linge sale sur des cordes, tout le temps qu'on le conservera, plutôt que de l'entasser dans un coin du grenier, où il sera plus exposé aux ravages des rongeurs.

On se gardera également d'abuser des substances caustiques telles que l'*eau de javel*, *sel d'oseille*, etc., qui sont employées pour faire disparaître certaines taches.

Après chaque lessive, on passera soigneusement le linge en revue, mettant de côté, dans une corbeille, les pièces qui exigent quelques réparations, par suite d'usure ou d'un accident quelconque, toute négligence sous ce rapport pouvant avoir de graves conséquences.

Ce qui est reconnu en bon état sera rangé sur les étages de l'armoire.

Chaque pièce de linge devant entrer en service à tour de rôle, on la placera, selon le rang qu'elle doit occuper, sous celles blanchies précédemment, en mettant ensemble les objets de même nature, et en les disposant de manière que le dos de la pliure se trouve en face de l'ouverture du meuble, ce qui permet de compter facilement le nombre de draps, serviettes, essuie-mains, etc., dont on dispose.

Confection du linge.

Une maitresse de maison bonne ménagère doit avoir toujours sous la main, dans une corbeille ou dans une boite affectée à cet usage, les objets indispensables pour effectuer les coutures et raccommodages journaliers.

Ce sont : des *aiguilles*, un *dé*, des *ciseaux*, des *épingles*, du *fil noir* et du *fil blanc* de plusieurs grosseurs, du *fil à bâtir*, des *crochets* et *agrafes*, des *boutons*, etc.

Il y a plusieurs sortes d'*aiguilles*: les aiguilles à coudre ordinaires, qui sont de différentes grosseurs suivant le genre de travail à effectuer; les aiguilles à repriser, dont le *chas* est plus allongé; les aiguilles à tapisserie, qui ne diffèrent des précédentes que par leur pointe, qui est émoussée.

Les bonnes aiguilles cassent plus vite; on doit cependant les préférer, parce qu'elles glissent mieux et ne se tordent pas à l'usage.

Les dés à coudre les plus pratiques sont en acier poli ou en argent, avec le bout en acier.

De bons ciseaux, plutôt un peu grands, sont indispensables pour les moindres coutures, surtout quand il s'agit de tailler.

Les épingles servent à attacher provisoirement les étoffes; on les choisira plus ou moins grandes, suivant la force et l'épaisseur des tissus qu'elles doivent maintenir.

Points de couture.

Les points les plus employés sont : le *point devant* ou *glissé*, le *point de côté*, le *point arrière*, la *piqûre*, le *surjet*, le *point de boutonnière*.

Point devant. — On laisse glisser l'aiguille tout droit sur l'étoffe, en prenant deux ou trois fils sur l'aiguille,

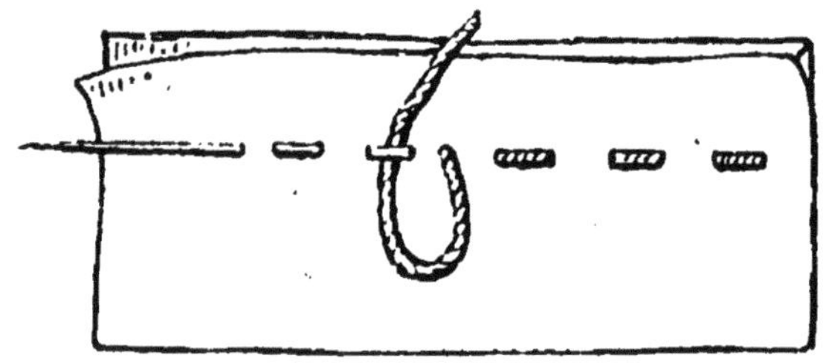

Point devant.

on en laisse autant dessous. On peut à volonté faire plusieurs points avant de tirer l'aiguille.

Ce point s'emploie pour assembler des étoffes légères, pour confectionner des plis de lingerie, pour unir des lés de jupes.

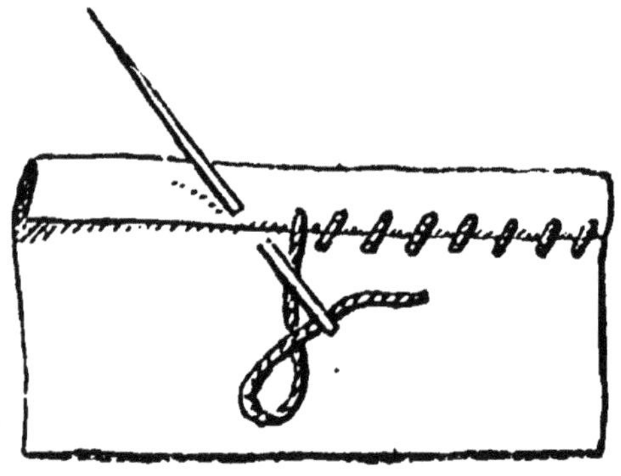

Point d'ourlet.

Point de côté. — On fait le *point de côté* en piquant l'aiguille obliquement de droite à gauche. Il faut que le point soit régulier et presque invisible du côté de l'endroit, tout en traversant bien les deux étoffes.

Le point de côté sert à assujettir les bords pliés des

étoffes, formant ce qu'on appelle un *ourlet*, qui termine le bas des chemises, des tabliers, les extrémités des draps, des nappes, des serviettes, les côtés des mouchoirs de poche n'ayant pas de lisière, etc.

Dans un ourlet, l'étoffe est repliée deux fois sur elle-même, pour que les fils du bord ne soient pas apparents et ne fassent pas frange.

Point arrière. — Une fois l'aiguille sortie de l'étoffe, on la repique deux fils en arrière, et on la fait ressortir

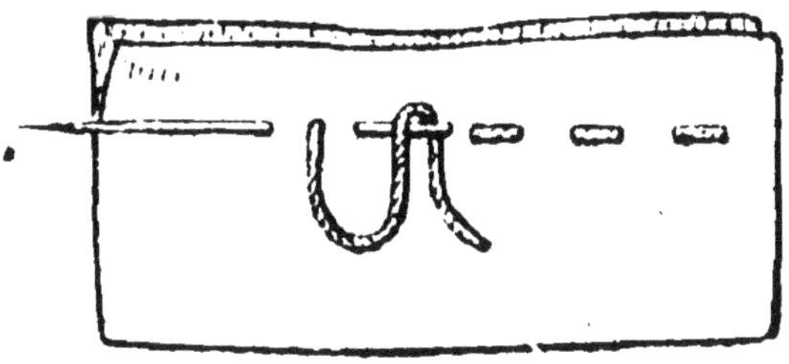

Point arrière.

quatre fils en avant. Ce point très solide s'emploie pour les manches et pour toutes les coutures qui exigent une grande solidité.

Piqûre. — La *piqûre* est un point arrière régulier. Il se fait de la même façon, avec la différence que l'aiguille sort deux fils en avant et se repique à l'endroit même d'où elle est sortie précédemment.

Cette piqûre devant être très régulière et en ligne droite, on pourra tirer un fil de la toile et exécuter la piqûre sur le vide qu'il aura laissé. Contrairement à ce qui se passe pour les autres points de couture, où il faut tourner l'étoffe à l'envers, la piqûre se fait toujours à l'endroit.

Point de surjet. — C'est une sorte de point de côté dont on se sert pour réunir les deux bords d'une étoffe.

Après avoir étiré convenablement cette dernière, on pose

les deux lisières l'une contre l'autre, on pique l'aiguille sous le premier ou le deuxième fil des deux lisières en question, en allant de droite à gauche, et on repique à nouveau en formant une couture à cheval un peu serrée.

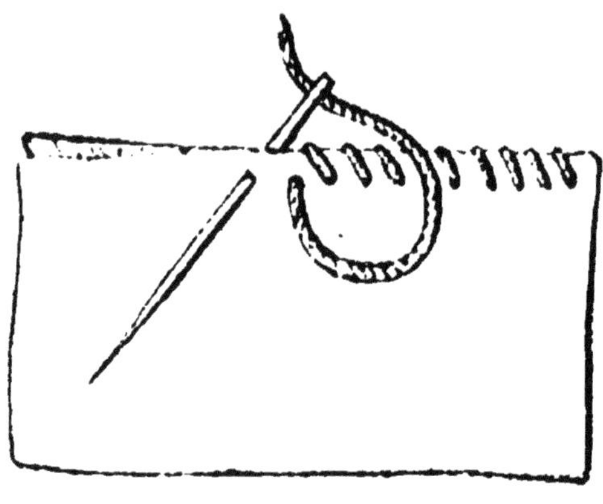

Point de surjet.

Une fois le surjet terminé, on l'aplatit avec l'ongle ou avec le dé.

Le point de surjet s'emploie pour la confection des draps et des chemises et pour placer une pièce.

Point de boutonnière. — Pour préparer une boutonnière, on fait dans l'étoffe une ouverture de la grandeur voulue, dans le sens des fils, puis on l'entoure de deux rangées de points devant; on pique ensuite l'aiguille bien droit en dessous de l'étoffe ainsi préparée, sans la tirer complètement, on ramène le fil sous la pointe de l'aiguille et on tire doucement, en formant un nœud près de la fente. On a soin d'arrondir légèrement le côté qui boutonne.

Le *point de boutonnière* se fait en allant de gauche à droite et doit être très régulier. Ce point s'emploie également pour arrêter certaines coutures.

Une couture bien faite doit remplir deux conditions principales : elle doit être solide et présenter une grande régularité.

Elle sera solide si le fil est de bonne qualité, s'il est arrêté à la fin par un bon nœud et si l'aiguille a bien traversé les deux étoffes.

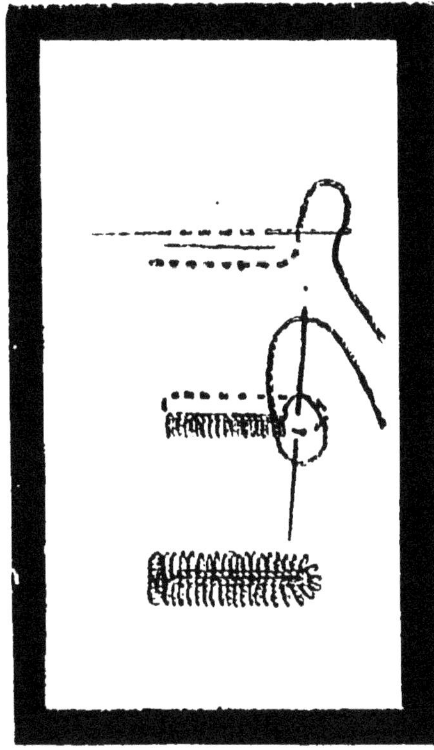

Point de boutonnière.

Quant à la régularité, elle sera obtenue si les points sont bien égaux, formés exactement de la même façon et peu visibles à l'endroit.

Il est recommandé, pour bien coudre tout en avançant à l'ouvrage, de piquer lentement l'aiguille afin d'être bien sûr de son point, de la retirer ensuite aussi vite que possible et de ne pas prendre de trop grandes aiguillées.

Points d'ornement.

Les principaux **points d'ornement** sont au nombre de six. Ce sont : le *point de chainette,* le *point de chausson*, le *point d'épine*, le *point de Paris*, le *point de feston* et le *point de marque* ou *de croix*.

Le *point de chaînette,* qui se fait de droite à gauche, se compose d'une suite de bouclettes que l'on forme en piquant l'aiguille devant soi et en passant le fil sous cette dernière.

On emploie ce point pour broder sur le drap ou sur le velours, et quelquefois pour marquer le linge.

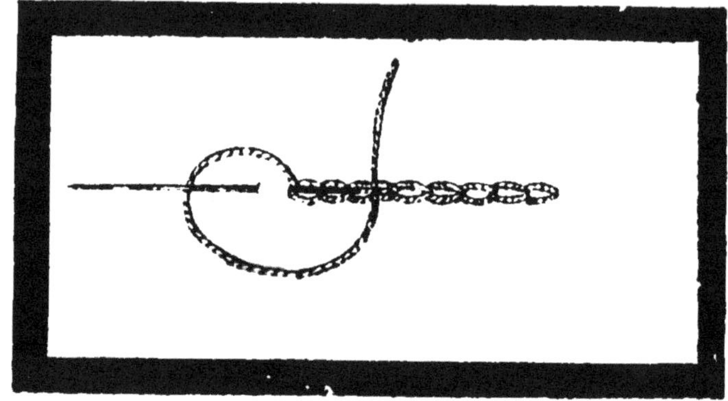

Point de chaînette.

Point de chausson. — Le *point de chausson* se fait sur deux lignes parallèles, entre lesquelles les fils

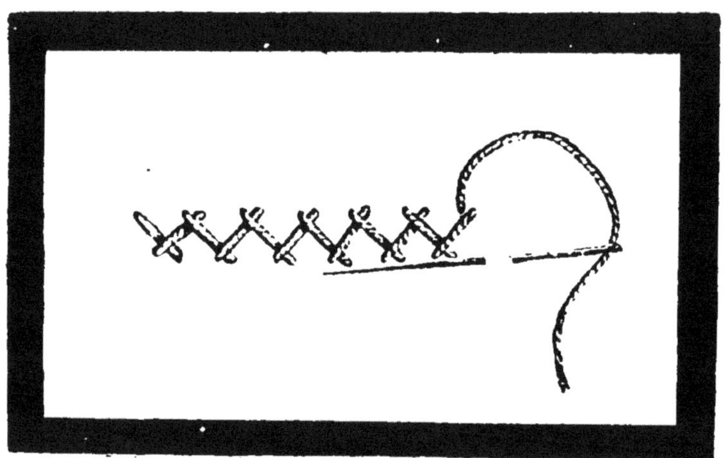

Point de chausson.

affectent la figure de deux bâtons inclinés, croisés, maintenus alternativement en haut et en bas par un point devant. Si l'aiguille est piquée à gauche, le fil est jeté à droite, on fait le contraire.

Ce point est utilisé pour la confection des flanelles, des vêtements de drap et de grosse laine, et pour les vêtements d'enfants.

Point d'épine. — Ce point se fait en piquant

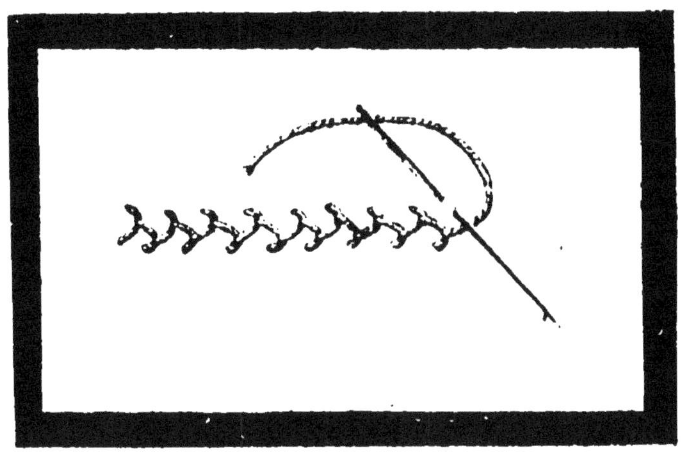

Point d'épine.

l'aiguille de biais, de droite à gauche d'abord, en tenant le fil sous l'aiguille, puis en reprenant de gauche à droite, en commençant le point à une même distance du milieu.

Ce point comporte, par suite, quatre lignes différentes, une pour chacune des deux extrémités, une pour chacun des milieux des points.

Point de Paris. — Ce point diffère du précédent en ce qu'on pique l'aiguille droit et de droite à gauche, en tenant toujours le fil sous l'aiguille, et qu'on fait de même de gauche à droite, en commençant le point sur la ligne où finit l'autre.

Ce point, comme le précédent, s'emploie surtout en bordures pour devants de camisoles, bas de pantalons, etc.

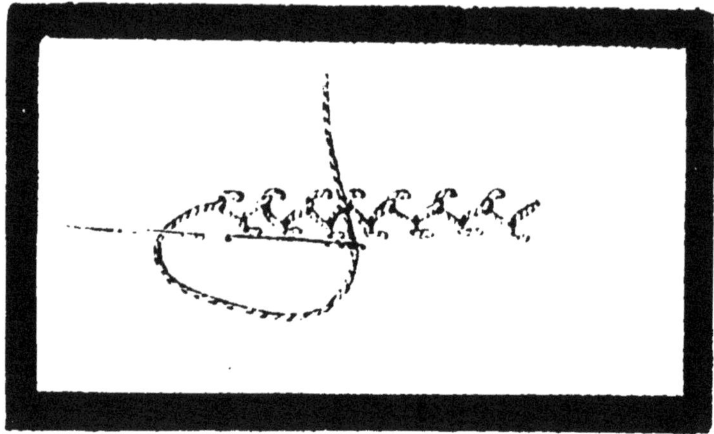

Point de Paris.

Point de marque ou de croix. — Le *point de marque* est le point ordinaire de la tapisserie.

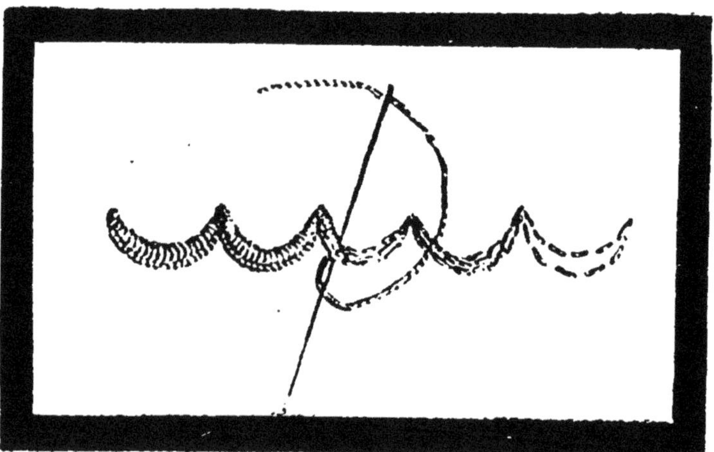

Point de feston.

Point de feston. — On commence par garnir de points devant le dessin tracé sur l'étoffe, afin de lui donner un peu d'épaisseur, puis on pique en dessus et en dessous ladite étoffe, en tenant le coton sous le pouce de manière à ce que l'aiguille passe par-dessus, on tire vivement, formant ainsi une espèce de nœud qui fera bordure.

On le commence de gauche à droite et on le croise par-dessus de droite à gauche, de manière à former une croix de Saint-André bien régulière, ce qu'on obtiendra en ayant soin de prendre autant de fils en hauteur et en largeur.

Fronces.

Froncer. — C'est former un grand nombre de plis petits et rapprochés avec un fil très solide.

Pour *froncer*, il suffit de faire sur l'étoffe une longue suite de points devant, puis on tire le fil avec précaution, et les fronces se font naturellement. Quand les fronces sont régularisées, on les maintient à l'aide d'un second fil passé quelques millimètres au-dessous.

Les fronces s'emploient dans la confection et les garnitures des robes, des corsages, des volants de jupons. On fronce aussi les manches de chemises d'hommes et toute manche attachée à un poignet.

Les volants froncés se cousent à point devant ; les autres fronces s'attachent à point de côté.

Raccommodage.

L'opération à laquelle on donne le nom de *raccommodage* joue un grand rôle dans l'entretien du linge et des vêtements, et elle a, en effet, une réelle importance ; car raccommoder, c'est boucher les trous qui commencent à se former et s'agrandissent vite quand on les néglige ; c'est renforcer telle partie qui commence à s'user, assurer par suite la durée d'objets qu'il y aurait lieu de remplacer, d'où une économie sérieuse toujours à recommander dans un ménage.

Le raccommodage se fait par deux procédés différents : au moyen d'une pièce cousue ou par reprise.

Mettre une pièce. — C'est placer un morceau de toile, de coton ou de toute autre étoffe sur un endroit trop usé pour supporter une reprise. Une fois la pièce bien assortie avec l'étoffe à réparer, et pour cela on choisira de préférence un morceau ayant déjà servi, mais encore solide, qui tranchera moins que du neuf, on a soin de couper la partie déchirée ou usée en droit fil ; mais à chaque angle, on fait une petite entaille oblique, d'un demi-centimètre environ, qui permettra au bord de l'étoffe de se soulever. Cela fait, on taille dans le morceau choisi une pièce à laquelle on donnera la même forme, mais dépassant d'un centimètre environ, sur chacun des côtés, le trou à boucher. On replie ensuite les deux bords que l'on joint à l'envers au *point de surjet*.

Si la pièce doit être *rabattue*, on procède comme il vient d'être expliqué ; seulement, une fois la pièce placée sur l'ouverture, on suit les bords au *point de côté*, puis on rabat la pièce sur l'étoffe au *point d'ourlet*.

Pose d'une pièce au point de chausson. — Ce genre de point est employé pour la pose des pièces dans les flanelles. On ne tient compte ni de l'envers, ni de l'endroit. La pièce, posée à plat sur la déchirure, est fixée par un *point de chausson* à l'envers et un à l'endroit.

Quand il s'agit de poser une pièce, on ne doit pas craindre de la mettre plutôt grande, pour éviter qu'au lavage l'étoffe ne se déchire à côté.

Une pièce bien mise ne doit pas froncer, et les côtés seront très droits.

Raccommodage par reprise. — On entend par *reprise* la reconstitution, aussi parfaite que possible, d'une étoffe qui est usée ou presque usée, avec du fil ou du coton très peu retors, en faisant en sorte de les assortir pour le mieux, comme couleur et solidité, avec les fils du tissu, et en les entre-croisant très régulièrement sur la partie endommagée.

S'il s'agit de rapprocher deux parties d'étoffes déchirées encore entières, on pique plusieurs points à l'aiguille, soit en dessous, soit en dessus de l'étoffe, mais toujours à l'envers, en ayant soin de laisser le fil un peu lâche, pour éviter que l'étoffe ne vienne à se plisser.

La vraie reprise se fait soit sur une partie usée, soit sur un trou. Dans l'un ou l'autre cas, il faut dépasser la partie à réparer, pour fixer les points en avant et en arrière sans les faire tirer, puis commencer à établir la chaîne en passant l'aiguille de deux fils en deux fils, dans le sens de la longueur, jusqu'à ce que la partie enlevée ou simplement claire soit entièrement garnie.

Si, pour effectuer plus facilement le travail, on préfère tendre un peu les fils, on aura soin de laisser, en tirant l'aiguille, une petite boucle de fil à chaque extrémité.

On achèvera la reprise en remplaçant la trame. Pour cela, on prend deux fils sous l'aiguille, on en laisse deux dessus, et on continue ainsi en alternant à chaque rangée, prenant sur l'aiguille les deux fils qui étaient au-dessous, en continuant ainsi jusqu'à la fin de la reprise; ce qui fait que le troisième rang reproduit exactement le premier, le quatrième, le deuxième, et ainsi de suite.

Lorsque le tissu de l'étoffe le demandera, au lieu de deux fils, on n'en prendra qu'un seul, ou encore on commencera la trame en prenant sur l'aiguille un fil de la chaîne pour abaisser les deux suivants, relever un fil sur l'aiguille, abaisser deux fils et continuer ainsi jusqu'à la fin du premier rang.

Pour les bas et chaussettes, on peut avoir recours *au remaillage*, qui consiste à refaire le tissu, opération beaucoup plus longue, mais plus solide, que la reprise ordinaire.

Tricot et crochet.

Le *tricot* est un travail facile qui ne demande qu'un peu d'adresse. C'est le premier auquel se livre la petite fille dès qu'elle est en âge d'aller à l'école, et celui qu'elle fera plus volontiers quand, devenue grand'mère, ses yeux affaiblis ne lui permettront plus de s'occuper de couture.

Comme pour le tricot, la meilleure description ne saurait remplacer la plus petite leçon pratique donnée par la maîtresse; nous nous contenterons de donner les renseignements indispensables.

Aiguilles. — Pour le tricot, de longues aiguilles en bois ou en fer sont indispensables.

Pour les bas, les aiguilles sont au nombre de cinq, dont quatre servent au montage des mailles, tandis qu'on tricote avec la cinquième. Pour les tricots en bande, deux suffisent.

Montage des mailles. — On fait, sur une aiguille que l'on tient de la main gauche, une petite boucle nouée; puis avec une autre aiguille, tenue de la main droite, on entre dans la boucle en question, on passe le fil derrière, que l'on saisit avec l'aiguille de droite; on la ramène dans la première maille, ce qui en forme une seconde qu'on glisse sur l'aiguille de gauche, et on continue ainsi jusqu'à ce qu'on ait le nombre de mailles que l'on désire.

Maille à l'endroit. — Pour faire la maille à l'endroit, on entre avec l'aiguille droite dans la maille de l'aiguille gauche, en faisant passer la première aiguille sous la seconde. Puis, avec l'index droit, on conduit le fil au-dessous de l'aiguille droite ; avec l'aiguille on ramène le fil dans la maille, et on fait tomber cette dernière de dessus l'aiguille gauche, le fil d'arrière en avant.

Maille à l'envers. — Pour la maille à l'envers, le fil est placé devant l'ouvrage, entre les deux aiguilles. L'aiguille droite entre toujours dans la maille de l'aiguille gauche ; mais, cette fois-ci, la première aiguille passe sous la seconde ; le fil est jeté sur l'aiguille droite, et on fait glisser la maille de façon qu'elle tombe en arrière et que le fil tombe en avant.

Augmentation et diminution. — Quand il s'agit d'élargir un tricot et par suite d'augmenter le nombre de mailles, on tricote deux mailles dans une seule, en faisant la première à l'endroit et la seconde à l'envers. Pour diminuer, on tricote deux mailles ensemble pour n'en former qu'une. On peut également faire passer une maille de l'aiguille gauche sur la droite sans la tricoter et passer à la maille suivante, puis on reprend avec l'aiguille gauche la maille laissée de côté, et on la jette sur celle qui suit.

Les *côtes* s'obtiennent en tricotant successivement une maille à l'endroit et une maille à l'envers, ou deux mailles à l'endroit et deux mailles à l'envers. On fait une *levée* en passant, sans la tricoter, une maille de l'aiguille gauche sur l'aiguille droite.

Tricot anglais appelé également tricot au point tunisien. — Ce point, qui constitue un tricot chaud et solide, est souvent employé pour faire des jupons et des gilets.

S'il s'agit d'un jupon, comme on peut le faire en trois ou quatre largeurs, il est inutile de mailler sur une même aiguille de bois, d'acier ou de cuivre, les six cents mailles qui doivent en former le bas; on se contentera de celles qu'elle peut contenir. Avec la deuxième aiguille, on prend la première maille sans la faire, et on commence le dessin.

Pour cela, au premier tour, on tricote toutes les mailles de rangs pairs, et on prend sans les tricoter les mailles de rangs impairs. Au deuxième tour, c'est le contraire; toutes les mailles de rangs pairs sont levées, et les mailles de rangs impairs sont tricotées.

Raccommodage de bas et autres pièces de vêtements en tricot.

Garnissage. — On diminuera l'usure des bas en les renforçant aux endroits les plus exposés, c'est-à-dire au talon et au bout du pied. Cette opération, à laquelle on donne le nom de *garnissage*, se fait à l'envers, avec de la laine assortie comme couleur. Comme pour les reprises, on aura soin, la laine se rétrécissant au lavage, de laisser une bouclette aux extrémités du point, on passe l'aiguille dans le tricot, en levant une maille sur trois ou quatre, dans toute la longueur, et on revient en sens inverse. Il convient de terminer le garnissage en biais, l'usure devant se produire moins vite de cette façon, que si l'arrêt est en ligne droite.

Remaillage. — Cette opération a pour but de reconstituer les mailles usées ou cassées d'un tricot. Si ce dernier est troué, on régularise les bords de la déchirure en défaisant quelques mailles, puis on tendra des fils dans le sens de la longueur, en prenant, à la fois, sur l'aiguille la maille qui précède la déchirure et la première maille au-dessus de cette dernière, et on tend le fil, en prenant les deux mailles correspondantes du bord opposé ; on reprend en bas sur l'aiguille la dernière maille prise et la suivante ; on fait de même en haut, et le travail se continue en prenant toujours deux mailles à la fois sur l'aiguille, et revenant dans la dernière prise, de manière à ce que deux fils sortent de chaque maille.

C'est sur les fils tendus de cette façon et en travaillant dans le même sens que se feront les mailles.

Lorsque le tricot est simplement usé, c'est-à-dire un peu clair, il est inutile de tendre des fils, et le travail est à la fois plus facile et plus agréable.

Le linge de maison.

Torchons de cuisine et essuie-mains. — On emploie, pour les *torchons de cuisine*, de la forte toile de fil, de préférence de la toile grise ou écrue de 90 centimètres de large. On coupe une longueur de 80 centimètres environ, et on ourle les deux extrémités.

On les marque à un des coins, soit au point de croix, soit en cousant une marque tissée sur un étroit galon de fil blanc.

Les torchons en coton ou en toile mixte font un excellent usage, mais ils ont l'inconvénient de laisser des fibres sur la vaisselle qu'on essuie.

Pour les *essuie-mains*, les tissus de coton ont l'avantage de mieux absorber l'eau. Les essuie-mains se font et se marquent comme les torchons. Ils doivent porter une boucle formée d'un galon pour les suspendre.

Nappes et serviettes. — Les *nappes* en usage à la campagne sont en toile de fil et se font plus ou moins grandes, suivant les dimensions de la table qu'elles doivent recouvrir. Elles portent des ourlets au deux bouts.

On les marque de préférence dans un des coins.

Quand il s'agit de linge damassé, cette marque se met au milieu.

On fait de même pour les *serviettes* de table.

Draps de lit. — Les plus beaux *draps de lit* se font en toile fine de Cholet ou de Bretagne.

Pour les draps ordinaires, on emploie soit de la forte toile de fil, soit de la toile mixte fil et coton. Cette dernière toile est beaucoup plus résistante que la première et en même temps plus agréable comme usage.

Les draps ont ordinairement trois mètres de long sur deux mètres de large pour un grand lit.

On emploie pour les faire un tissu ayant un mètre de large. On assemble les deux lés par un point de surjet, en ayant soin de les maintenir bien égaux, afin d'éviter qu'ils se contretirent. On fait ensuite un ourlet aux deux extrémités, en donnant à celui de la partie qui est destiné à se rabattre sur les couvertures, une largeur plus grande.

La marque se place quelques centimètres au-dessous de cet ourlet, à l'endroit, au milieu ou à gauche.

On fait également des draps sans couture avec un tissu spécial ayant la largeur voulue. Pour ces draps, la marque se met toujours au milieu.

Lorsque les draps commencent à s'user, on les *retourne*, opération qui se fait en séparant les deux lés et en assemblant les lisières qui formaient les bords, par un nouveau surjet. S'il s'agit de draps sans couture, on les coupe au milieu, et on procède comme pour les autres draps, en ayant soin de faire un ourlet de chaque côté.

Dans toute maison bien ordonnée, les draps sont marqués et numérotés par paires.

Taies d'oreillers. — Les *taies d'oreillers* se font en toile de fil, en toile mixte ou en toile coton. Elles doivent être suffisamment larges pour que le coussin y soit à l'aise.

Les taies d'oreillers simples se marquent à un des ourlets. Les taies plus riches sont brodées au milieu ou dans un des coins; on les garnit d'un large ourlet à jour.

Serviettes de toilette. — Ces *serviettes* sont de deux sortes : celles que l'on fait en toile unie et celles en coton dites *nid d'abeilles*, que l'on achète toutes faites. Ces serviettes seront marquées dans un des coins, près de l'ourlet ou de la frange et, s'il y a lieu, numérotées par douzaines.

Tabliers de cuisine. — Les *tabliers de cuisine* se font en tissu de lin, blanc ou de couleurs. Il seront longs et larges, afin de mieux préserver les vêtements de la personne qui les porte. On les monte sur une ceinture en étoffe pareille, en fronçant de la quantité nécessaire, et on les fixe à la taille par deux galons cousus à ladite ceinture.

Coupe et confection.

La *coupe* comprend deux opérations différentes : le tracé d'un patron en papier, auquel on donne les dimensions qui conviennent, et son application sur l'étoffe même qu'on doit employer ; on en marque soigneusement les contours, puis on découpe, en quelques coups de ciseaux donnés d'une main sûre, le tissu que l'on aura choisi. Comme il importe de perdre le moins possible d'étoffe, on ne commencera la coupe qu'après avoir placé le patron dans plusieurs sens, de façon à en tirer le meilleur parti.

Le tracé d'un patron peut se faire d'après deux méthodes différentes : 1° en prenant un certain nombre de mesures sur la personne elle-même ; 2° par le procédé dit *de la ménagère,* qui consiste à établir un patron, en se servant d'un vêtement qui va bien. Il suffit pour cela, le vêtement étant posé sur la table, d'en développer successivement les différentes parties, que l'on recouvre à mesure d'une feuille de papier maintenue par des épingles. Il est indispensable, afin de ménager de l'étoffe pour les coutures, de couper le patron à un centimètre plus loin que ces dernières.

Certaines étoffes, comme les draps, les velours et quelques tissus plus ou moins pelucheux, ont un sens déterminé dont on doit tenir compte, les poils devant toujours se diriger de haut en bas.

Chemises. -- Les chemises se font en toile ou en coton ; ce dernier tissu a l'avantage de mieux mettre le corps à l'abri des brusques changements de température. Les tissus de fil ont l'inconvénient de se refroidir dès qu'ils sont humides ; de là l'obligation, pour ceux qui en usent, de porter en-dessous un gilet de laine fine.

Comme métrage, les chemises d'homme prennent de 3m à 3m50 de toile d'une largeur de 0m80.

Il est d'usage, pour les chemises de femme, de prendre deux fois la hauteur du corps, plus l'étoffe nécessaire pour faire les deux ourlets, c'est-à-dire 5 centimètres environ. Si on fait choix d'une toile de 0m90 de large, on peut, quand il s'agit d'une personne de corpulence ordinaire, couper les manches dans ce qu'on appelle les *pointes.* Quand l'étoffe n'a que 0m80 de large, il est indispensable de prendre de l'étoffe en plus pour les manches. Dans les deux cas, les *goussets*, morceaux qu'on place au-dessous des manches pour en élargir l'entrée, se prennent dans l'encolure.

On emploie aussi, pour les chemises de femme, de la toile mixte mesurant 1m10 de largeur, et faisant la hauteur de la chemise.

Voici alors comment on opère :

On prélève dans la pièce de toile, d'un lé à l'autre, une pointe triangulaire de 10 centimètres de base, puis à 0m80 ou 0m90, suivant la corpulence de la personne, on fait une même coupe symétrique en biais, opération qui diminue la partie destinée à former l'encolure, de 10 nouveaux centimètres et la réduit à 0m60 ou 0m70. Il suffit ensuite d'appliquer le morceau taillé, le bas en haut, sur la toile, pour avoir la seconde moitié, et on continue ainsi, jusqu'à ce qu'on ait taillé le nombre voulu de chemises.

Pour que rien ne soit perdu, la dernière coupe se fait à droit fil, et on donne le biais nécessaire en ajoutant la pointe enlevée au début.

Pour faire la chemise, on réunit sur les épaules, par une couture à surjet, les deux parties plus étroites. Cette couture est recouverte d'un morceau de toile au droit de 5 centimètres de large, que l'on pique de chaque côté.

On coupe les manches au droit et de la grandeur que l'on désire, dans la pièce de toile.

L'encolure se fait comme dans la méthode précédente.

Les chemises de femme exigent un métrage moins considérable que les chemises d'homme.

Gilets de flanelle. — La meilleure flanelle est celle qui est souple, légère et d'un tissu régulier. La flanelle croisée est plus solide que la flanelle lisse, et la flanelle dont la chaîne est en coton est encore plus résistante. L'emploi de la flanelle est à conseiller, quand le corps est exposé à de brusques changements de température.

Pantalons. — Les étoffes les plus employées pour les *pantalons* sont : le calicot, la cretonne, le madapolam et autres toiles de coton ; on en fait également en piqué, en molleton, en flanelle, etc. Si l'étoffe a une largeur convenable, il suffit de prendre deux fois la hauteur des jambes, et la ceinture se trouve dans les coupures qu'il y a lieu de faire.

Caleçons. — Les *caleçons* de tricot, laine ou coton, sont presque toujours achetés tout confectionnés. On se contente de faire faire les caleçons en toile et en flanelle. Pour les travailleurs, on choisira de préférence une flanelle un peu forte, très résistante.

Jupons. — Les *jupons* destinés à être portés l'été se font en toile coton ; pour l'hiver, on fait choix d'étoffes de laine ou d'un tricot.

Mouchoirs de poche, cols et devants de chemises. — Les *mouchoirs de poches* se font en toile ou en coton ; ceux en toile sont plus beaux, plus résistants et moins irritants pour le visage.

La toile convient également mieux pour les cols, les manchettes et devants de chemises. On les double d'une toile raide.

La confection des mouchoirs est très simple ; il suffit de faire des ourlets et de les marquer. Ces ourlets se font très étroits ou d'un centimètre environ, suivant la mode, et ils sont piqués ou cousus à point de côté. La marque se met à un des coins, avec du coton rouge et au point de croix.

Les mouchoirs se vendent par douzaine ou demi-douzaine ; un fil plus gros marque la limite qui les sépare, et on n'a qu'à les détacher un à un de la pièce en suivant ce fil.

Blanchissage du linge.

Le *blanchissage du linge* a une très grande importance et réclame tous les soins de la ménagère.

Il comprend les opérations suivantes: le *triage*, l'*essangeage*, le *coulage*, le *lavage* et *rinçage*, la *mise au bleu*, le *séchage* et le *repassage*.

Le *triage* a pour but de réunir le linge de même espèce, linge fin, gros linge, linge de cuisine, les flanelles, linge de couleur etc., et celui portant des taches susceptibles de déteindre sur la masse et qui doivent être traitées d'une manière spéciale.

Au nombre de ces taches se trouvent celles de *vin rouge*, d'*encre* et de *sang*.

On désigne sous le nom d'*essangeage* l'opération qui consiste à plonger dans l'eau froide le linge qu'il s'agit de blanchir, et où il devra tremper un certain temps, avant de subir un premier savonnage, qui portera sur les parties les plus sales.

L'essangeage a pour but de faire disparaître certaines souillures que l'eau froide suffit très bien à enlever, tandis que l'eau bouillante les fixerait davantage. De ce nombre sont toutes les souillures qui contiennent plus ou moins d'albumine, substance dont on trouve des traces dans tout linge ayant servi à notre usage, et que renferment également certains fruits et légumes [1].

[1] Cette propriété que possède l'albumine de se dissoudre dans l'eau froide, alors qu'elle se durcit au contraire à l'eau bouillante, peut être établie à l'aide d'une expérience des plus simples. Il suffit pour cela de prendre un blanc d'œuf : délayé dans l'eau

Ce pouvoir, que possède l'eau froide de dissoudre les matières albuminoïdes, est augmenté par la présence de savon de carbonate de soude. Quelques ménagères ont soin d'en ajouter.

Le savon agit également, grâce à la potasse qu'il contient, sur les matières graisseuses et autres qui souillent le linge; mais, dans ce cas, un simple trempage dans l'eau froide ne suffit pas, il est indispensable de frotter les parties tachées. Toutes les eaux ne conviennent pas pour le lessivage; il faut faire choix de celles qui dissolvent bien le savon. Les meilleures sont les eaux courantes, les eaux de source, de fontaine, de rivière, et surtout l'eau de pluie.

Les eaux les moins bonnes sont les eaux calcaires.

On distingue les *savons durs* et les *savons mous*. Les premiers, dont les savons marbrés de Marseille constituent le type le plus parfait, sont à base de soude; les seconds, qui ont une action plus énergique, sont à base de potasse.

Le carbonate de soude est souvent vendu dans le commerce sous le nom de *cristaux de soude*, ou même simplement de *cristaux*. C'est également ce sel qui, réduit en poudre, constitue en grande partie le produit appelé *lessive Phénix*, dont l'emploi se généralise de plus en plus.

Pendant longtemps, les sels de soude ont été remplacés, dans les campagnes, par les cendres de bois, qui renferment du carbonate de potasse.

froide, il s'y dissout avec la plus grande facilité en produisant une légère écume; plongé au contraire dans l'eau bouillante, il durcit, forme une matière compacte sur laquelle ni l'eau froide ni l'eau chaude n'auront d'action.

Le coulage consiste à faire passer à travers le linge que l'on a entrepris de blanchir, et cela pendant plusieurs heures, un courant d'eau chaude chargée de soude ou de potasse, en employant d'abord de l'eau tiède, puis de l'eau chaude, et enfin de l'eau bouillante.

Il existe deux procédés de coulage.

Premier procédé. — Dans une cuve de dimension suffisante, on dispose le linge à blanchir, qui a trempé préalablement dans de l'eau froide. Au fond est placé le linge le plus sale; dans le milieu sont rangés les draps de lit, puis les chemises, les serviettes, et on recouvre le tout d'une toile grossière un peu forte destinée à contenir une certaine quantité de cendres. C'est sur cette cendre qu'on verse de l'eau de plus en plus chaude, qui, après s'être chargée de potasse, traverse tout le linge contenu dans la cuve, et dissout peu à peu les souillures qu'il s'agit de faire disparaître. Cette eau passe du fond de la cuve dans une chaudière placée sur le feu, où elle est reprise après avoir été réchauffée pour être versée à nouveau sur le linge, et on continue ainsi jusqu'à ce qu'on juge que la lessive soit suffisamment coulée. Le feu doit être soigneusement entretenu et augmenté peu à peu. Ce n'est que vers le milieu de l'opération, qui dure de huit à douze heures, suivant la quantité de linge et sa finesse, que l'eau doit être versée bouillante.

Second procédé. — Cette méthode de coulage, un peu longue et très assujettissante, est encore employée par quelques ménagères qui lui sont restées fidèles; mais beaucoup l'ont aujourd'hui abandonnée, pour se servir de la *lessiveuse*, appareil qui simplifie beaucoup le travail et ne demande qu'un peu de surveillance.

Les lessiveuses les plus en usage se composent d'un

fourneau, d'une chaudière munie d'un double fond en bois formant grille, d'une partie conique en tôle galvanisée, que l'on met au-dessus pour en augmenter la contenance, et d'un tuyau spécial, percé de trous, et qui se termine par une espèce de pomme d'arrosoir.

Quand on veut se servir de la lessiveuse, on verse d'abord de l'eau dans le fond de la chaudière, dans laquelle on met du savon et du carbonate de soude ; on installe le double fond au centre duquel est dressé le tuyau dont il a été question ; on range tout autour, pièce par pièce, le linge qui aura été préalablement essangé, en commençant par le gros linge pour terminer par le linge fin ; on recouvre le tout d'un morceau de linge quelconque, la chaudière est remplie d'eau jusqu'à moitié environ, puis on allume le feu.

L'eau s'échauffe peu à peu, dissout le savon, les cristaux de soude ou la lessive Phénix, produit de la vapeur qui, ne pouvant s'échapper à travers le linge, fait monter l'eau dans le tuyau placé au centre, d'où elle retombe en pluie sur la masse du linge et en traverse les couches successives.

De retour dans la chaudière, elle est de nouveau portée à l'ébullition et recommence son même parcours.

L'opération bien conduite demande deux ou trois heures au plus. On fera en sorte de laver séparément chaque espèce différente de linge, notamment les torchons de cuisine, toujours plus ou moins tachés.

Le linge de couleur ne doit jamais être soumis au coulage, ni même lavé dans l'eau de lessive ; on se contentera de le savonner.

Lavage et rinçage.

Une fois coulé, le linge est porté au lavoir, où il est trempé dans l'eau, pressé avec les mains et frappé avec le *battoir*, et le *lavage* demandera d'autant moins de temps et de travail que l'opération précédente aura été bien conduite. Si certaines taches de graisse n'ont pas tout à fait disparu, on a soin de les savonner à nouveau et de les frotter.

Le lavage *à la brosse* ne doit être toléré que pour le gros linge.

L'emploi du battoir a pour but de hâter la sortie de l'eau de lessive dont le linge est imprégné. Cette séparation est complétée ensuite par le *rinçage,* qui consiste à passer plusieurs fois le linge dans l'eau claire.

Mise au bleu. — On passe le linge au bleu pour lui donner une teinte légèrement azurée, moins salissante et plus agréable à l'œil que le blanc mat qu'il possède après avoir été lessivé. On le trempe pour cela dans un baquet rempli d'eau, que l'on a bleuie suffisamment, au moyen d'une boule d'indigo que l'on a enfermée dans un morceau de toile. La force de la dissolution s'apprécie très vite à l'œil, avec un peu d'habitude.

Une fois le linge passé au bleu, on s'empresse de le tordre et de l'étendre. Si on tardait quelque peu, le bleu pourrait, en se déposant, former des raies et des taches.

Le soleil faisant passer les couleurs, on peut sans inconvénient bleuir un peu plus fortement son eau en été.

Séchage. — Une fois les opérations précédentes terminées, lavage et mise au bleu, on étend le linge *à l'envers,* sur des cordes tendues ou des fils de fer galvanisés, en le fixant pour plus de sûreté avec des épingles en bois.

Le linge sèche avec d'autant plus de rapidité, que les couches d'air au milieu desquelles il se trouve ont tendance à se renouveler, et, par suite, tout courant d'air favorisera cette opération très importante. Une fois le linge destiné au repassage, à moitié sec, on le plie en l'étirant, en tenant compte de la façon dont il sera plié sous le fer.

Tout le linge qui ne doit pas être repassé est plié définitivement, puis posé sur une table, où on peut le charger avec des poids ou des objets un peu lourds, et le laisser ainsi quelques heures.

Savonnage. — Les tissus de couleur, tabliers, blouses, rideaux, vêtements, etc., ne sont jamais soumis à la lessive. On les lave dans un savonnage tiède, dans lequel on les plonge sans les laisser tremper, à moins qu'il ne s'agisse de tabliers ou de vêtements très sales.

Dès que le savonnage est terminé, on s'empresse de rincer les différents objets à l'eau claire, et on fait sécher à l'ombre.

On ne passe que très rarement au bleu.

Pour les lainages, on s'abstient de les frotter à la main ; on se contente de les tremper dans l'eau tiède savonneuse, où on les laisse quelques instants, et de les rincer.

La potasse attaquant la laine, on ne se servira que de savon dur à base de soude.

Empesage. — Pour donner de la fermeté à certaines pièces de lingerie, on les trempe dans une préparation d'amidon.

On se sert d'empois cru ou d'empois cuit.

Le premier s'emploie de préférence pour les devants de chemises d'hommes, les cols, les manchettes. On plonge le linge à repasser dans la préparation, et on le roule ensuite dans un linge sec. Ce n'est qu'au bout de trois quarts d'heure, une heure, qu'on le repasse, d'abord à l'envers, puis à l'endroit.

L'empois cuit convient surtout pour les objets légers, rideaux de tulle, mousselines claires, jupons, etc.

Empois cru. — On le prépare en mettant de l'amidon dans un bol, on y verse un peu d'eau froide, et l'on délaye soigneusement le mélange, de façon à ce qu'il ne se forme pas de grumeaux; on ajoute ensuite la quantité d'eau nécessaire pour former un liquide laiteux, que l'on passe à travers un linge.

Empois cuit. — On commence à délayer l'amidon dans l'eau froide, puis on verse lentement un peu d'eau bouillante, en continuant à remuer avec une cuiller de bois.

Sous l'action de la chaleur, les grains d'amidon se gonflent, prennent corps ensemble et forment une pâte que l'on bleuit légèrement.

On peut se servir, pour délayer l'amidon cuit, d'une bougie bien blanche, laquelle, au contact de l'eau bouillante, laisse couler un peu de cire qui facilitera le glissement du fer.

On donne plus de fermeté au linge en ajoutant à l'amidon une petite quantité de *borax* pulvérisé et dissous dans l'eau chaude.

Repassage. — L'opération du *repassage* a pour but d'effacer les mauvais plis pris par le linge, de le rendre lisse et brillant et d'un usage plus agréable.

On se sert, pour repasser, de fers spéciaux, dont les uns se remplissent de charbon, tandis que les autres sont réchauffés devant le feu. Les fers un peu épais se refroidissent moins vite.

Le linge doit être repassé un peu humide; mais comme le repassage ne peut pas toujours se faire immédiatement, il y a lieu, dans certains cas, de le laisser sécher complètement, sauf à l'humecter légèrement au moment où le travail pourra s'effectuer.

Le plus souvent, une simple table suffit pour le repassage; mais elle est remplacée quelquefois avec avantage, quand il s'agit de certains objets un peu délicats, par une planche disposée pour cela et qui repose sur deux tréteaux.

Comme il n'est pas commode de promener le fer sur une surface dure, on recouvre la table ou la planche sur laquelle on travaille, d'une couverture de laine ou de coton qu'on plie en deux ou en quatre suivant son épaisseur, et par-dessus cette couverture, qui ne doit former aucun pli, on étend une pièce de toile que l'on fixe à l'aide d'épingles.

La personne qui repasse doit avoir de plus à sa disposition : un support pour poser son fer, une poignée pour le saisir, un morceau de vieux linge pour l'essuyer, et un morceau de cire pour le rendre au besoin plus glissant.

Pour procéder au repassage, on étend la pièce de linge sur la table, on promène le fer chaud par-dessus, de droite à gauche, puis on s'occupe de son pliage, en marquant chaque pli avec le fer. Chaque espèce de linge a une façon spéciale de se plier, à laquelle il convient de se conformer.

Le repassage du linge empesé exige un certain savoir-faire qui ne s'acquiert que par un long apprentissage.

V

LA FEMME AUPRÈS DES MALADES

NOTIONS D'HYGIÈNE — REMÈDES ET SOINS DIVERS — HYGIÈNE DE L'ENFANT PLANTES MÉDICINALES

I. — Notions préliminaires.

On désigne sous le nom d'*hygiène* la partie de la médecine qui a trait aux règles à suivre pour la conservation de la santé.

La santé est le plus grand des biens, et il importe de prendre toutes les précautions nécessaires pour éviter les causes nombreuses qui peuvent contribuer à l'altérer.

C'est grâce à une meilleure observation des règles d'hygiène, en ce qui concerne la nourriture, qui a été plus abondante et aussi la meilleure qualité, et à une notable amélioration au point de vue logement, que la vie moyenne tend un peu à augmenter.

L'*air*, ce fluide élastique que nous respirons, joue un grand rôle dans la nature. Il est indispensable à la vie de l'homme et des animaux et, à ce titre, mérite que toutes les précautions soient prises pour le maintenir à l'état pur.

L'air est dit *vicié* lorsqu'il renferme des gaz impropres

à la respiration ; ce qui arrive quand un trop grand nombre de personnes se trouvent réunies dans un local relativement restreint. Si la chose est simplement accidentelle, il n'en résulte le plus souvent qu'un peu de gêne ; mais, à la longue, la santé générale pourrait en souffrir.

Il est donc indispensable d'*aérer* le plus possible toutes les pièces habitées, principalement celles où de nombreuses personnes auront reposé la nuit, comme cela se présente dans nos campagnes, celles surtout où se trouvent des malades, des vieillards et des enfants.

La *chaleur,* si elle n'est pas trop grande, est plutôt favorable au maintien de la santé.

C'est surtout pendant les fortes chaleurs que les *refroidissements* sont à craindre, et il est recommandé, pour peu qu'on soit en transpiration, de s'abstenir de boissons glacées et de résister à la tentation, toujours grande, de passer brusquement d'une température chaude à une température plus fraîche.

L'alimentation n'est pas seulement insuffisante quand les aliments sont en trop petite quantité, mais aussi quand ces derniers ne renferment pas les principes réparateurs qu'exige une vie de travail.

D'une manière générale, on consomme davantage en hiver qu'en été ; mais c'est plutôt le contraire qui se passe à la campagne, où le travail, pendant la belle saison, est beaucoup plus important et réclame de plus grands efforts physiques.

Au point de vue de l'alimentation, notre région vendéenne est tout particulièrement favorisée. Nombreux, en effet, sont les légumes que l'on peut obtenir sans trop de peine, soit dans le jardin, soit dans les champs. Et la ménagère, qui a en outre à sa disposition, pour peu qu'elle sache s'y prendre, comme viande de porc, volailles, et œufs, beurre et laitage, tout ce qui lui sera nécessaire, est en mesure de procurer à son personnel une nourriture abondante et en même temps variée.

Les *vêtements* ont pour but de mettre le corps à l'abri des influences atmosphériques, et il est essentiel qu'ils soient en rapport avec la saison d'abord, puis avec le genre de travail auquel sont astreints ceux qui les portent, c'est-à-dire simples à la campagne, se prêtant facilement à tous les mouvements et suffisamment résistants.

Les tissus de laine sont plus chauds que ceux de coton, et à plus force raison que ceux de chanvre et de lin.

En coton et en fil, les tissus serrés sont les meilleurs. S'il s'agit de laine, on donnera la préférence aux étoffes bourrues dites *mérinos*.

Les sabots constituent la meilleure chaussure pour les travailleurs, aussi bien pour les hommes que pour les femmes, sabots le plus souvent tout en bois pour le travail, et à semelles de bois garnies de cuir pour le dimanche. C'est la chaussure hygiénique par excellence pour circuler dans les champs, dans les cours et étables, et même pour la maison, dont le sol est encore souvent formé par de la simple terre battue.

II. — Hygiène de l'ouvrier dans les champs.

Les précautions à prendre, pendant les journées de travail, varient avec les saisons.

Au printemps, sous l'influence des pluies assez fréquentes à ce moment-là et aussi des variations de température, de nombreuses indispositions atteignent le cultivateur. Il sera prudent de ne pas abandonner trop vite les vêtements d'hiver, de changer le linge aussi souvent que l'on rentrera mouillé, et de s'abstenir de dormir en plein air.

Pendant l'été, qui est l'époque des travaux les plus fatigants, où les journées ne sont pas assez longues pour la plantation des choux et des bettraves, la récolte des foins et la moisson, les coups de soleil et l'inflammation des membranes du cerveau sont les indispositions les plus fréquentes.

On échappera aux premiers en ayant soin de s'abriter la tête sous un large chapeau de paille, et à la seconde en évitant, lorsqu'on est en transpiration, de passer subitement du chaud au froid, de rester dans un courant d'air et de s'asseoir sur un banc de pierre ou sur la terre humide.

Ce n'est que pendant la grande sécheresse et les journées les plus chaudes qu'on peut faire la *siesle* ou *mariennée* sous des arbres. Il est presque toujours préférable de se mettre le corps au soleil, en prenant la précaution de s'abriter la tête.

Les boissons froides, ingérées quand on est en état de sueur provoquée par le travail ou la marche, lassent ou abattent, à moins que l'on ne continue à se donner du mouvement.

Certaines eaux de source sont dangereuses. Il est préférable de boire de l'eau maintenue un peu fraîche dans des cruches de grès ou en terre poreuse.

Une excellente boisson pour les travailleurs, en dehors des repas, sera une décoction très étendue de café ; elle est à la fois saine et économique.

Dans le courant de l'automne, époque à laquelle se fait la récolte des fruits, il faut éviter d'en manger à l'excès.

La saison d'hiver n'étant jamais très rigoureuse dans la

région, c'est principalement contre l'humidité que les travailleurs ont à se défendre, surtout ceux qui sont chargés de procéder à l'*écueillage* des choux. Ils devront se munir, autant que possible, de vêtements caoutchoutés et auront soin de changer toutes les fois qu'ils se sentiront mouillés.

C'est en hiver qu'on s'occupe de l'émondage des arbres et des haies, travail qui donne lieu à des accidents fréquents. On ne saurait trop recommander à ceux qui en sont les victimes de se faire donner, sans le moindre retard, les premiers soins.

III. — La femme auprès des malades.

La santé d'un malade soigné selon toutes les règles de l'hygiène sera bien plus tôt rétablie que celle d'un malade qui n'aura pas été l'objet des mêmes soins.

Pour se conformer aux prescriptions en usage, le malade devrait être placé dans une chambre très propre, claire, aérée et aussi peu meublée que possible, conditions qui se rencontrent difficilement dans la plupart des maisons à la campagne, où des familles quelquefois nombreuses n'ont guère à leur disposition que deux pièces, trois au plus. On tâchera de combiner les choses pour le mieux, en relevant, au moins pendant le jour, les rideaux qui entourent les différents lits et qu'on ne peut supprimer de manière que l'air se renouvelle facilement, et en restreignant, autant qu'on le pourra, si la maladie est contagieuse, le nombre des personnes admises dans la chambre.

On veillera, dans tous les cas, à ce que tout objet qui n'est pas absolument utile soit enlevé.

Le lit sera l'objet de soins particuliers : il sera aussi bon que possible, mais en évitant cependant qu'il soit trop mou, comme cela ne peut manquer d'arriver quand, selon une regrettable habitude, adoptée sur différents points dans la région, il est formé de plusieurs couettes reposant sur une simple paillasse; au bout de quelques jours, le malade s'y trouvera fort mal à l'aise.

Le meilleur lit sera celui auquel on pourra donner à la fois une certaine fermeté pour qu'il ne se déforme pas, et suffisamment de moelleux pour que le malade soit parfaitement couché.

Les rideaux seront enlevés ou au moins entièrement ouverts, car ils constituent un véritable danger pour la propagation de la maladie, en raison des nombreux microbes qui s'y attachent.

Il ne faut pas oublier que le malade a besoin de grand air, et par suite de grand jour.

Le ménage de la chambre sera fait, chaque jour, avec le plus grand soin. Comme le sol est presque toujours carrelé, ou formé par une couche de béton ou de chaux, il n'y aura aucun inconvénient à se servir du balai pour enlever les débris qui ont été apportés par les allants et venants, principalement d'un balai de genêt, mais en mouillant légèrement son extrémité, de façon à ne soulever aucune poussière.

La toilette du malade doit être faite tous les matins, plus ou moins complète suivant son état.

On lui lavera, à l'eau chaude, la figure, les mains, avec un linge rendu très doux par l'usure, et on essuiera très doucement. Il en résultera pour le malade un bien-être qui ne pourra que lui être salutaire.

Si on ne peut pas refaire le lit, on veillera à ce que les couvertures soient toujours régulièrement disposées, de manière que tout paraisse bien en ordre.

Le plus grand calme doit régner auprès des malades, et l'habitude prise, par les gens du voisinage, de multiplier à cette occasion leurs visites est absolument condamnable. Régulièrement, il ne devrait y avoir auprès du patient que les personnes aptes à lui rendre service, ou celles qu'il manifeste le désir de recevoir.

Ce grand calme est d'autant plus nécessaire au malade, qu'il sera sous l'influence de la fièvre.

Pendant la visite du médecin, la garde-malade s'efforcera de bien comprendre les ordonnances qu'il donnera, le faisant répéter, si cela est nécessaire, pour que toutes les prescriptions soient fidèlement exécutées.

Dans un grand nombre de maladies, on doit s'abstenir de changer le malade de linge et même de faire son lit pendant quelques jours.

Il est bon de prévoir ce cas et d'obvier, dans la mesure du possible, aux inconvénients qui peuvent résulter, en glissant sous le siège du malade un drap plié en plusieurs épaisseurs. Cette *alèze*, — c'est le nom qu'on donne au drap ainsi plié, — préserve le lit et les draps de toute souillure et peut être changée aussi souvent qu'il est nécessaire. On aura soin de se mettre deux pour effectuer cette dernière opération, afin de ne pas secouer le malade.

Si on doit changer ce dernier de linge, on fera chauffer la chemise et tout ce qui touche au corps, afin d'éviter le saisissement causé par le linge frais, et on fera en sorte aussi que la température de la chambre soit un peu élevée.

Ce changement de linge occasionnant toujours un peu de fatigue à celui qui souffre, mais le disposant en même temps au repos, on fera en sorte qu'il reste ensuite dans le plus grand calme.

Quand on change le malade de lit ou qu'on le lève pour

la première fois, il faut en profiter pour remplacer les draps et les taies d'oreiller ; et le moment venu de le recoucher, comme il est indispensable que le pauvre patient n'éprouve aucune sensation désagréable, on réchauffera l'intérieur du lit à l'aide de bouteilles d'eau chaude, qu'on laissera plus ou moins de temps.

IV. — Précautions à prendre dans le cas de maladies contagieuses.

La désinfection du linge ayant servi au malade, dans le cas de fièvre typhoïde, scarlatine, rougeole, etc., s'impose absolument. Et voici comment on procédera : à mesure qu'il sortira de la chambre du malade, on mettra ce linge avec de l'eau dans un chaudron pouvant aller sur le feu, et ce n'est qu'après l'avoir fait bouillir pendant une heure au moins, qu'on pourra le mettre en contact avec le linge sale de la maison.

Quant aux déjections du malade, selles, urines, crachats, etc., elles seront versées dans une fosse creusée spécialement, sur laquelle il sera prudent de répandre, de loin en loin, de la chaux vive ou une solution de sulfate de cuivre.

V. — Convalescence.

La *convalescence* est une période bien douce au malade, parce qu'il se sent revivre, mais pleine d'appréhension pour ceux qui le soignent, en raison des nombreux accidents qui peuvent survenir.

Ne se rendant pas compte de son état de faiblesse, le malade a souvent des caprices qu'on est entraîné à satisfaire, il veut se lever, manger plus qu'il ne le faudrait ; de là des rechutes qui peuvent avoir les conséquences les plus graves.

La nourriture doit être distribuée avec la plus grande prudence, surtout après les fortes fièvres. Il faut craindre la moindre fraîcheur, éviter la plus petite fatigue, la moindre surexcitation, même celle causée par un peu de gaieté.

Les personnes qui travaillent se trouveront bien de sacrifier au repos tout le temps qui sera nécessaire pour le rétablissement de leurs forces ; elles y gagneront comme temps et aussi comme argent.

VI. — Accidents.

Brûlures. — Il y a trois degrés différents de *brûlures*. Si la partie brûlée devient simplement rouge, sans que la souffrance soit très vive, il s'agit d'une brûlure au premier degré, qui peut être causée par des liquides chauds, les sinapismes et même le soleil.

Un peu d'huile d'olive pure ou d'oléo-calcaire, huile contenant une certaine proportion de chaux, étendue sur la partie malade, recouverte aussitôt d'ouate maintenue par une bande, apportera un soulagement immédiat.

La brûlure au deuxième degré, occasionnée souvent par un liquide gras et bouillant, exigera plus de précautions. La partie brûlée est rouge, gonflée, et il se produit sous la peau un certain nombre de petites ampoules.

On opérera comme dans le cas précédent ; seulement, l'ouate placée sur la partie brûlée ne devant pas être enlevée jusqu'à complète guérison, il faudra avoir soin de la maintenir toujours humide, en versant directement dessus l'huile d'olive pure pure ou oléo-calcaire.

La brûlure au troisième degré, causée par le contact direct du feu sur les chairs, est beaucoup plus grave et exige toujours les soins du médecin. La seule chose à faire en l'attendant est de mettre la plaie à nu, en coupant s'il y a lieu les vêtements, et d'entourer les parties atteintes d'un linge blanc (serviette, nappe ou drap) imbibé d'huile.

Coupures. — Les coupures légères se guérissent, pour ainsi dire, seules ; il suffit de rapprocher les bords de la plaie et de les maintenir au moyen de taffetas d'Angleterre. d'un morceau de papier gommé, ou même d'un simple linge bien propre.

Si la coupure faite avec une serpe, une faux ou tout autre instrument tranchant, un morceau de verre, est plus sérieuse, on aura la précaution de bien nettoyer la plaie de manière qu'il n'y reste aucun corps étranger ; les chairs seront ensuite rapprochées et maintenues à l'aide de bandelettes soigneusement disposées. Tout autre pansement est inutile.

Le seul rôle que remplissent les différentes herbes, valériane et plantain, qu'il est d'usage à la campagne d'employer sur les coupures, est de mettre la blessure à l'abri du contact de l'air et d'en hâter ainsi la guérison.

Chute entraînant une fracture. — Une chute malheureuse peut entraîner la fracture d'un membre. Dans ce cas, il faut relever la personne blessée avec de grandes précautions, afin d'éviter que l'os brisé ne perfore la peau.

S'il y a plaie, on aura soin de la laver et de la désinfecter en attendant le médecin.

Si l'accident est arrivé loin de toute habitation et qu'on doive transporter le malade, le mieux sera de confectionner ce qu'on appelle un *brancard de fortune*, à l'aide de morceaux de bois quelconques sur lesquels on jettera le premier vêtement venu, en faisant en sorte que le membre blessé ne subisse aucun choc et soit soustrait à l'influence de l'air.

Contusions. — On appelle ainsi les blessures qui ne sont pas accompagnées de déchirement de la peau et des tissus.

Le plus souvent, il ne résulte des contusions que de simples taches qui passent du rouge au brun verdâtre, puis au jaune, pour disparaître assez vite. C'est la forme la plus légère.

Si l'accident est plus grave, l'application d'une compresse d'eau fraîche suffira pour faire disparaître l'inflammation.

Il arrive cependant quelquefois que la peau reste intacte, alors que des désordres graves existent intérieurement, notamment dans le cas de coups violents ou encore du passage d'une roue de voiture ou de charrette sur un membre.

L'accident sera évidemment beaucoup plus sérieux ; on se hâtera d'appeler le médecin, et, en attendant son arrivée, on multipliera les compresses réfrigérantes ou d'alcool camphré, si on en a sous la main, et même d'eau-de-vie.

S'il s'agit de plaies contuses, on s'empressera de les laver pour éviter toute complication, et de les préserver autant que possible du contact de l'air.

Entorse. — Quand, à la suite d'un faux mouvement ou par toute autre cause, une entorse s'est produite dans une jointure, la première précaution à prendre est de plonger le plus tôt possible le membre dans l'eau froide, souvent renouvelée, de multiplier ensuite les compresses d'eau froide, et de s'abstenir de tout mouvement pendant quelques jours.

Hémorragie. — Lorsque l'hémorragie est causée par un accident, une chute, une coupure, la première chose à faire est d'appliquer un ou plusieurs doigts sur l'endroit où le sang jaillit. On se procure ensuite un peu d'amadou ou de charpie, au besoin du coton dont on forme une espèce de tampon que l'on fixe au moyen d'une bande qui sera maintenue très serrée.

Si l'hémorragie est veineuse, le sang est d'un rouge foncé, et sa sortie est lente et uniforme ; si l'hémorragie est artérielle, le sang est d'un rouge vermeil, et sa sortie a lieu par saccades.

Dans le cas d'une hémorragie se déclarant après une application de sangsues, on emploiera avec succès le charbon léger provenant de linge brûlé.

Le saignement de nez, qu'il se produise naturellement ou soit le résultat d'un coup ou d'une chute, s'il est modéré, est plutôt salutaire que nuisible. S'il se prolonge outre mesure, appliquer des compresses d'eau froide sur le front, ou placer un corps froid sous l'arrière du cou, une clef, par exemple.

Morsures. — S'il s'agit de morsures ordinaires faites par des animaux non venimeux, on se borne à laver la plaie avec de l'eau salée et à y appliquer des compresses imbibées d'eau fraîche.

Parmi les reptiles que l'on rencontre dans la région, la vipère seule peut occasionner de sérieux accidents, et sa morsure, plus ou moins grave suivant la saison, la quantité de venin introduit et l'état de santé du blessé, réclame des soins immédiats.

Ces soins seront les suivants : arrêter dans la mesure du possible l'invasion du venin dans le sang, en serrant fortement le membre blessé, entre la plaie et le cœur, avec un mouchoir, une cravate ou tout autre lien ; s'efforcer de le faire évacuer en agrandissant la plaie et en la pressant avec les doigts pour faire saigner; la laver abondamment, sucer fortement avec les lèvres, ce qui ne présente aucun inconvénient quand on n'a pas d'écorchures à la bouche; poser au besoin une ventouse avec un verre ; enfin, pour détruire ce qui pourrait rester de venin, cautériser longuement avec un morceau de fer rougi à blanc, opération moins douloureuse que si ce fer est chauffé seulement au rouge.

Les morsures faites par les autres reptiles, notamment la couleuvre, ne présentent aucune gravité; une compresse d'eau fraîche un peu salée ou vinaigrée, placée sur la plaie, suffira pour enlever la douleur.

Il n'existe qu'un seul traitement vraiment efficace contre la *rage*, celui auquel on est soumis à l'Institut Pasteur. Il est prudent cependant, avant de s'y rendre, de prendre les précautions suivantes : laver la plaie avec de l'eau chaude, en l'agrandissant légèrement avec un canif, faire saigner, cautériser profondément la morsure, de même que les différentes écorchures qui pourraient exister autour.

Panaris. — Le *panaris* a presque toujours pour cause première une piqûre, une écorchure ou une coupure des doigts qui aura été mal soignée ou même complètement négligée, et il donne naissance à une inflammation qui gagne souvent toute la main.

Quand le mal commence, qu'il y a gonflement, puis que les élancements se produisent dans le doigt, dans la main, dans le bras, on peut essayer de l'arrêter par des badigeonnages répétés de teinture d'iode. S'il ne survient aucune amélioration, le mieux sera de faire inciser le panaris.

Piqûres. — Les piqûres constituent un accident des plus fréquents à la campagne, soit qu'elles soient causées par un instrument quelconque, par un clou, des échardes ou des épines.

Il arrive souvent qu'elles sont plus graves que des coupures, quand le corps étranger s'est brisé dans la plaie. Il est urgent, dans ce cas, de faire ses efforts pour l'extraire, soit par la pression des doigts, soit en ayant recours à une pince. On fera ensuite saigner la blessure, puis on la lavera à l'eau boriquée ou phéniquée, et on appliquera une compresse humide, c'est-à-dire mouillée d'eau bouillie, que l'on maintiendra à l'aide d'une bande. L'eau boriquée ou phéniquée sera avantageusement remplacée par de la teinture d'iode.

Comme toute piqûre peut devenir grave, surtout si elle est causée par une épine, il est prudent de se faire soigner immédiatement.

Pour les piqûres d'insectes : abeilles, guêpes, frelons, etc., on tâchera de retirer l'aiguillon qui le plus souvent est resté dans la plaie, on aspirera le venin avec les lèvres et on fera saigner.

Laver ensuite avec de l'eau vinaigrée ou frotter la plaie avec un oignon coupé en deux ou une tige de poireau.

Syncope, évanouissement. — La *syncope* est une suspension momentanée du mouvement de la respiration et de la circulation du sang.

S'il s'agit d'un *évanouissement,* c'est-à-dire d'une simple perte de la connaissance, on fera revenir le malade en le plaçant au grand air et en lui jetant de l'eau froide à la figure.

Dans le cas d'une véritable syncope, il faut étendre le malade à plat, en faisant en sorte que la tête soit aussi basse que le corps, afin de favoriser la reprise de la circulation du sang, desserrer tous les vêtements qui peuvent gêner, frapper légèrement la figure et les mains avec un linge mouillé et faire respirer un cordial, du vinaigre ou de l'eau de Cologne.

Engelures. — Dans l'engelure simple, la peau se gonfle, prend une teinte violacée, et le malade éprouve une sensation de démangeaison très pénible. Cette affection a son siège sur les mains, les doigts, les orteils, les talons, le nez et quelquefois les joues.

L'engelure est dite *ulcérée* ou *ouverte*, quand il y a des gerçures et des crevasses. Le malade souffre réellement ; la peau soulevée se déchire, donnant lieu à des plaies toujours longues à guérir.

Les engelures simples se traitent par des frictions alcooliques et astringentes, frictions à l'alcool camphré, décoction très chaude de feuilles de noyer, application de teinture d'iode.

Un excellent traitement consiste à se frotter vigoureusement les mains dans l'eau aussi chaude que possible, dont on augmentera peu à peu la température en y versant de l'eau bouillante. Au bout de quelques minutes, les mains sont rouges et gonflées : une fois bien séchées avec un linge, on les enduit d'une couche de glycérine, que l'on enlève au bout de trois à quatre minute. En répétant ce traitement plusieurs fois par jour, les engelures ne tardent pas à disparaître, et on les empêche dans tous les cas de s'ouvrir.

Lorsque l'engelure est ulcérée, on évitera le contact de l'air en recouvrant les parties malades avec un peu d'huile, ou avec du blanc d'œuf battu et du lait.

Corps étrangers dans l'oreille ou dans le nez. — Lorsque, par jeu ou par accident, un corps quelconque a été introduit dans l'oreille, on se gardera de chercher à l'extraire à l'aide de pince ou d'une épingle à cheveux. On se bornera à faire des injections d'eau tiède, d'huile ou de glycérine, en se servant d'une petite seringue.

S'il s'agit d'un corps introduit dans le nez, il suffira de faire quelques irrigations avec de l'eau simple. Si on dispose d'eau boriquée, on l'emploiera de préférence.

Corps étrangers dans l'œil. — Certains corps étrangers, grain de sable, parcelle de charbon ou même de métal, des insectes, peuvent pénétrer dans l'œil et l'irriter.

Quand le corps étranger pénètre dans l'œil même, ce qui est heureusement assez rare, les soins du médecin sont nécessaires, et on se contentera, en attendant son arrivée, de calmer les souffrances au moyen de lavages à l'eau chaude.

Si le corps est resté à la surface de l'œil ou sous la paupière inférieure, on s'efforcera de le chasser à l'aide de lavages ou en se servant d'une bague très mince.

S'il s'est engagé sous la paupière supérieure, on fera en sorte de la soulever avec précaution en tirant sur les cils et en multipliant les lavages d'eau chaude.

VII. — Précautions à prendre pour faire un pansement.

L'eau nécessaire pour un pansement devra avoir préalablement bouilli pendant dix minutes, un quart d'heure, dans un vase propre et couvert.

On la laissera refroidir en la mettant dehors en hiver, et l'été, en plaçant le récipient qui la contient dans un baquet rempli d'eau fraîche, mais en faisant en sorte qu'aucun mélange ne se produise, sous peine de rendre inutile la précaution que l'on a prise.

Si on ne dispose pas de coton boriqué, c'est-à-dire imprégné à l'avance d'acide borique, on prendra des morceaux de vieux linge fin que toute ménagère ne manque pas d'avoir en réserve. Si ces linges ont été lavés et soigneusement protégés contre la poussière dans une armoire, on peut les utiliser tels ; mais si on a le moindre doute, on fera bouillir pendant une dizaine de minutes ceux dont on peut avoir besoin ; puis, une fois bien séchés devant le feu, on les placera dans une serviette propre.

Une extrême propreté étant nécessaire, la personne chargée de faire le pansement devra se laver les mains à l'eau chaude et au savon, en changeant plusieurs fois d'eau, se rincer finalement à l'eau froide, et elle évitera ensuite de toucher autre chose que les objets mêmes de pansement.

Quand tout sera ainsi préparé, plonger un morceau de linge dans l'eau bouillie et faire couler l'eau qu'il aura absorbée sur la plaie, sans toucher cette dernière.

S'il y a lieu de toucher la plaie pour enlever quoi que ce soit, le faire avec un autre morceau de linge, qu'on se gardera bien de tremper dans le vase contenant l'eau bouillie.

Toute plaie, après avoir été débarrassée, par un sérieux lavage, des germes qu'elle pouvait contenir, doit être mise à l'abri du contact de l'air. Pour cela on emploiera les linges fins dont il a été question, dont on formera une couche suffisamment épaisse, que l'on recouvrira d'une serviette maintenue à l'aide de bandes.

VIII. — De la fièvre.

La *fièvre* est un état maladif caractérisé par l'accélération du pouls et par l'élévation anormale de la chaleur du corps.

A l'état normal, le nombre des pulsations varie entre

70 et 75 par minute, et entre 120 et 130 tout à fait dans le bas âge.

C'est au poignet qu'il est d'usage de tâter le pouls; et en même temps qu'on se rend compte du nombre des pulsations, il importe de remarquer si ces dernières sont fortes ou faibles, régulières ou irrégulières. Le pouls accéléré d'une façon continue est un indice de fièvre.

Pour prendre la température d'un malade, on se sert d'un thermomètre à mercure, que l'on place généralement dans le creux de l'aisselle, parallèlement à l'axe du corps, et que le patient maintient facilement en repliant le bras sur la poitrine. Ce thermomètre doit rester en place dix minutes.

La température normale du corps humain est ordinairement de 37°5. Au-dessus de ce chiffre il y a fièvre.

A partir de 40 degrés, on peut avoir des craintes assez sérieuses, quand il s'agit d'adultes. Les enfants peuvent dépasser cette température sans pour cela être en danger.

Fièvres éruptives.

Rougeole. — Cette maladie extrêmement contagieuse est surtout fréquente dans le jeune âge, chez les enfants de trois à six ans. Elle se manifeste par de petites taches rouges, souvent disposées en demi-cercle, qui paraissent d'abord sur la figure, qui gagnent ensuite le corps et les membres.

L'éruption est toujours précédée d'un malaise général d'une durée de trois à quatre jours : l'enfant tousse, éprouve des frissons et saigne quelquefois du nez. Au bout de quarante-huit heures, les taches pâlissent et disparaissent.

La rougeole n'est pas une maladie grave par elle-même : mais elle peut le devenir par suite de complications, dont la plus à craindre est la bronchite. Elle est surtout contagieuse dès le début de la période d'invasion.

Scarlatine. — La *scarlatine* est une maladie plus sérieuse que la rougeole ; elle atteint surtout les enfants de six à dix ans.

Après un ou deux jours de fatigue générale, pendant lesquels le malade éprouve des nausées, des vomissements, a des rougeurs à la gorge, le corps se couvre de plaques rouges, petites d'abord, mais qui ne tardent pas à s'élargir. L'éruption commence par le tronc, puis elle gagne ensuite les membres et la face. La fièvre est assez élevée, et au bout de cinq à six jours les plaques commencent à sécher et à se détacher. Ces débris de peau, qui contiennent le germe de la maladie, devront être recueillis et brûlés.

C'est après la maladie, quand on la croit disparue, que les précautions sont surtout nécessaires, et on fera en sorte d'éviter toutes les causes de refroidissement et d'humidité. Quelle que soit la saison, on fera porter des vêtements de laine au malade, et, quand on le changera de linge, ce dernier sera préalablement chauffé. Un médecin devra toujours être consulté.

Varicelle. — La *varicelle* ou *petite vérole volante* est également très contagieuse ; mais c'est une affection généralement bénigne, caractérisée par l'éruption de simples vésicules dont l'évolution est de trois jours à peu près, et qui se montrent par poussées successives. Les complications sont très rares.

Un régime lacté est à conseiller.

IX. — Quelques remèdes.

Les **cataplasmes** les plus en usage se font avec de la farine de graine de lin ou avec de la fécule de pomme de terre. La farine de graine de lin sera choisie aussi fraîche que possible.

Lorsque la pâte qu'on aura obtenue en délayant cette farine avec de l'eau bouillante, à l'aide d'une cuiller, aura atteint la consistance suffisante, on la verse sur un carré de linge usé ou de mousseline dont on relève les bords, on l'enveloppe d'un second linge, et on l'applique sur la partie malade.

Les cataplasmes de fécule sont préférables à ceux de graine de lin, quand la peau est susceptible.

On fait également des cataplasmes avec de la mie de pain et du lait. Les cataplasmes de ce genre doivent être fréquemment renouvelés, en raison de la facilité avec laquelle ils aigrissent ; ce qui produirait un effet tout à fait opposé à celui qu'on a en vue.

Les *sinapismes* sont des cataplasmes excitants, pour la préparation desquels on emploie de la farine de graine de moutarde, délayée avec de l'eau froide ou de l'eau tiède, de manière à obtenir une pâte molle.

On obtient, quand cela est nécessaire, un sinapisme plus doux, pour des enfants ou des personnes délicates, en préparant un cataplasme ordinaire que l'on saupoudre d'une légère couche de farine de moutarde.

Les sinapismes instantanés, dits *Rigollot*, sont tout préparés. Il suffit de les tremper quelques minutes dans l'eau froide.

Sangsues. — L'endroit qui doit être piqué par les

sangsues sera lavé avec soin, puis bien séché. Les sangsues sont ensuite retirées de l'eau, bien essuyées avec un linge et placées sur la partie qui doit les recevoir, où on les maintient en renversant un verre à boire par-dessus. On peut aussi les placer une à une, en les mettant dans un papier roulé et en appliquant sur la partie malade la tête de la sangsue, qui est le plus petit bout.

Quand les sangsues sont gorgées de sang, elles se détachent d'elles-mêmes. Si on trouve qu'elles ont assez tiré de sang, on les détache en leur mettant un peu de cendre ou du sel sur la tête. Il faut bien se garder de les arracher de force.

Les sangsues une fois tombées, le sang continue à couler.

On entretiendra son écoulement en lavant légèrement la plaie avec de l'eau tiède ou en ayant recours à des cataplasmes émollients.

Il suffira, pour arrêter le sang, de laisser la plaie découverte, et, si cela est nécessaire, de comprimer la piqûre entre deux doigts.

On fait dégorger les sangsues en les saupoudrant de cendre. On les met ensuite dans un bocal à moitié plein d'eau, au fond duquel on aura placé un peu de sable. L'eau sera changée d'abord tous les jours, puis de loin en loin.

Ces sangsues peuvent servir de nouveau au bout de cinq à six semaines ; mais, si on les a utilisées dans une maladie un peu grave, il vaut mieux les rejeter.

Les **ventouses** ont pour but d'attirer simplement le sang à la peau. L'opération est des plus faciles.

On peut se servir d'un verre ordinaire dans lequel on fait brûler du papier imbibé d'alcool, et dont on applique rapidement les bords sur la peau à l'endroit désigné. Au bout de quelques minutes, on incline le verre d'une main, tandis que de l'autre on appuie légèrement sur la peau pour faire entrer l'air.

On donne le nom de **vésicatoire** à un médicament externe qui fait venir des vésicules ou petites cloches à la peau.

On distingue les *vésicatoires à demeure* et les *vésicatoires volants*.

Les vésicatoires constituent des remèdes énergiques, dont il appartient seulement au médecin de prescrire l'emploi.

Pose du vésicatoire. — L'emplâtre étant préparé, on le place à l'endroit indiqué, après avoir préalablement lavé la peau avec du vinaigre ou de l'eau-de-vie. On recouvre d'un linge doublé en deux ou en quatre, et on maintient le tout au moyen d'une bande soigneusement attachée.

Il est rare qu'au bout de dix à douze heures l'effet du vésicatoire ne se soit pas produit. S'il s'agit d'un *vésicatoire volant*, on se hâtera, après avoir enlevé avec précaution l'appareil, de percer l'ampoule qui s'est formée, à la partie inférieure, de manière à donner issue à la sérosité, en laissant l'épiderme en place. Il n'y a aucun pansement à faire.

Dans le cas d'un *vésicatoire à demeure*, il y a lieu d'établir une plaie suppurante, et, par suite, on enlève avec précaution la peau qui a été soulevée en la détachant tout doucement avec des ciseaux. On essuie la plaie avec un linge doux, et on se hâte de placer dessus une feuille de *bette* graissée avec une pommade spéciale ou du beurre frais.

Un vésicatoire doit être entretenu avec une grande propreté. Les pansements se feront matin et soir, et chaque fois on aura soin de nettoyer la plaie, avec un linge de toile qu'on y applique un moment et qu'on enlève doucement.

On nettoiera de temps en temps les bords de la plaie avec un peu d'eau tiède.

On désigne sous le nom de **tisanes** tout liquide aqueux, peu chargé en principes médicamenteux, et qui constitue la boisson ordinaire des malades.

Les tisanes doivent être plutôt légères que chargées de matières extractives, et trois procédés différents sont employés pour leur préparation : l'*infusion*, la *décoction* et la *macération*.

L'*infusion* consiste à verser de l'eau bouillante sur les substances qu'on veut employer et qui auront été placées à l'avance, dans la proportion voulue, dans une cafetière ou un pot. On peut également faire bouillir l'eau dans une cafetière, y introduire dès la première ébullition la matière à infuser, couvrir et éloigner aussitôt un peu la cafetière du feu.

Le temps nécessaire à l'infusion varie énormément suivant la nature des substances employées.

Les fleurs, les feuilles et les plantes aromatiques ne sont guère soumises qu'à l'infusion.

La *décoction* consiste à faire bouillir les matières dans l'eau. Ce sont généralement les parties ligneuses des plantes, racines, bois, graines, que l'on traite de cette façon.

Quand il s'agit de tisane, il ne faut pas trop prolonger l'ébullition, et le plus souvent il convient de jeter la première eau après quelques moments d'ébullition.

Toute décoction destinée à servir de tisane devra être passée à travers un linge.

La *macération* consiste à laisser séjourner la matière à traiter dans de l'eau froide ou dans un liquide quelconque, pendant un temps plus ou moins long.

X. — Hygiène de l'enfant.

Une grande propreté est nécessaire au jeune enfant; aussi doit-on multiplier les bains et, à leur défaut, des lavages à l'eau tiède plusieurs fois par jour, à l'aide d'une éponge ou d'un linge très doux.

Ces lavages, soigneusement faits sur toutes les parties du corps, mais surtout sous le cou, sous les aisselles, entre les cuisses, empêcheront les échauffements qui peuvent se produire, et si quelques rougeurs se montrent, on y appliquera délicatement un peu de fécule ou de farine d'amidon.

L'enfant pouvant prendre froid, on fera en sorte de se hâter.

Cette première opération terminée, on le place sur un linge propre que l'on aura présenté pendant quelques instants à la flamme d'un bon feu, puis on achèvera sa toilette en lui lavant légèrement la tête, sur laquelle on mettra un bonnet propre. On lui passera ensuite une petite chemise de toile fine, une brassière en tricot de laine, quelquefois une seconde brassière, en prenant la précaution, au moins pour les premières toilettes, de faire passer d'un seul coup les deux ou trois manches placées à l'avance les unes dans les autres, et qui doivent être assez larges pour que la main de la mère puisse aller chercher facilement celle de l'enfant.

Ces premiers vêtements doivent être assez amples pour croiser par derrière, où on les maintiendra par une épingle de sûreté.

Enfin on enveloppe l'enfant d'une couche en toile usagée, très douce, que l'on enroulera autour des petites jambes du nouveau-né, puis d'un ou de deux langes de laine, suivant la température, bien serrés sous les bras et un peu libres du bas, de manière que l'enfant puisse remuer ses membres. Une première épingle de nourrice les fixera sous un bras, et une seconde à peu près à la hauteur du genou.

Enfin un fichu qui protégera le cou, que l'on croisera sur la poitrine pour venir se nouer derrière le dos, sera placé en dernier lieu.

Ce fichu peut être remplacé par une bavette.

Le coucher de l'enfant se composera d'une paillasse de balle d'avoine, recouverte d'une toile imperméable et d'un drap, ou de feutre absorbant et d'un petit oreiller de crin. Il faut avoir, pour un berceau, une couverture de laine, une couverture de coton et un couvre-pied, qui peut être remplacé par une petite peau de mouton ou d'agneau doublée.

Une bouteille d'eau chaude sera placée aux pieds.

Les couvertures seront un peu écartées à la hauteur de la bouche de l'enfant, de manière qu'il puisse respirer très à l'aise.

C'est sur le côté droit, de préférence, qu'on mettra l'enfant pendant les premiers jours; plus tard on pourra le placer sans inconvénient tantôt d'un côté, tantôt de l'autre.

Il vaut mieux ne pas bercer les enfants, non pas que ce balancement ait de grands inconvénients; mais c'est leur donner inutilement une habitude qui devient assujettissante.

En y mettant la persévérance nécessaire, l'enfant s'habituera très bien à s'endormir seul dans son berceau.

Plus les soins donnés à un enfant sont réguliers, à heures fixes, plus ils sont efficaces. La personne qui aura charge de l'enfant y trouvera une grande économie de temps pour elle-même, et son nourrisson ne s'en portera que mieux.

On ne doit donner le lait à un enfant, que ce soit celui

de la mère ou celui du biberon, que toutes les deux heures. Un estomac d'enfant ne peut pas sans danger être toujours en fonction, il lui faut du repos.

Pendant les premiers jours, la mère est souvent tentée de donner à boire à l'enfant chaque fois qu'il crie. Qu'elle ait le courage de ne pas le faire ; outre qu'il pleurera autant et plus, si elle se laisse aller à cette déplorable habitude, elle fatiguera le jeune estomac et sera ensuite dans l'impossibilité d'obtenir cette régularité, qui est indispensable pour donner une bonne constitution.

Il faut bien comprendre que le cri chez l'enfant est naturel. Il n'est pas indispensable qu'il pâtisse ou souffre pour crier, c'est un exercice qui est favorable au développement des poumons.

Biberon. — Toutes les fois que la mère peut nourrir elle-même son enfant, elle doit le faire, pour le bien de ce dernier, et aussi pour le sien propre. Ce n'est que dans le cas où il y aura impossibilité qu'elle aura recours au biberon. Mais il est nécessaire qu'elle se rende bien compte que des précautions nombreuses sont à prendre.

Le biberon le plus simple est toujours le meilleur. Il sera constitué par une simple bouteille de forme cylindrique ou aplatie, avec un col assez large pour qu'on puisse facilement nettoyer l'intérieur, sur laquelle on adaptera une tétine en caoutchouc. Ces tétines s'usent rapidement ; aussi sera-t-il nécessaire d'en avoir quelques-unes à l'avance.

Après chaque repas, la tétine et la bouteille seront soigneusement lavées à l'eau bouillante.

Le lait employé est du lait de vache, que l'on aura préalablement soumis pendant dix minutes à l'ébullition, préparation qui remplace avantageusement celle de la stérilisation. Pendant les premiers mois, le lait devra toujours être coupé avec de l'eau fraîchement bouillie dans la proportion d'un tiers pendant les quatre premières semaines, d'un quart pendant le second mois.

Il faut se garder de donner trop de lait aux enfants, ce qui peut amener des troubles sérieux résultant d'une suralimentation, des vomissements et de la diarrhée.

La mère, avec un peu d'attention, se rend facilement compte de ce qui est nécessaire, et des bouteilles graduées peuvent lui être très commodes.

La surveillance des nourrissons allaités au biberon devra être plus méticuleuse que celle des enfants nourris au sein, et à la moindre indisposition il y a lieu de prendre des précautions.

Si, malgré les soins donnés, l'enfant ne profite pas, que des vomissements surviennent ou qu'il y ait de la diarrhée, il faudra consulter le médecin et, en attendant, ne donner que de la simple eau bouillie.

Sevrage. — C'est ordinairement vers le quinzième mois que l'on commence à sevrer un enfant. A cet âge-là, il se lance généralement à marcher seul et il a quelques dents; cependant il est bon que cette opération ne coïncide pas avec les grandes chaleurs, des froids rigoureux ou avec une indisposition quelconque.

Pour sevrer, on amène tout doucement l'enfant à accepter une autre nourriture, des bouillies un peu claires, des potages au lait, des œufs frais.

Une mère attentive et douée d'un peu de fermeté réussit facilement à sevrer son enfant; il suffit de le distraire au moment où il réclame le sein ou son biberon, et de lui présenter la nourriture qui lui convient.

Vaccination. — Un enfant doit être vacciné dans les trois premiers mois. L'opération est très bénigne et ne donne pas même lieu à un simple accès de fièvre. Au bout de quelques jours, il y a un peu d'enflure et il se produit un gros bouton dont la croûte se dessèche et tombe vers le vingt-quatrième jour.

Dentition. — L'époque de la *dentition* est une période délicate dans la santé de l'enfant. Souvent elle occasionne de la fièvre, de la diarrhée; quelques enfants ont des convulsions. Il ne faut pas s'en effrayer outre mesure, car généralement ces petits accidents ne présentent rien de grave; mais il y a lieu d'exercer une certaine surveillance.

Des bains sont très favorables, puis on peut aussi presser la gencive, quand la dent est sur le point de percer, avec le doigt très propre, ou donner à mordre à l'enfant un morceau de racine de guimauve ratissée, qu'on lui pend au cou avec un cordon.

Fièvre. — L'enfant est sujet aux accès de fièvre; la dentition, la croissance peuvent les provoquer. Il faut le tenir chaudement sans le priver d'air, veiller à ce qu'il ait les pieds chauds, les intestins libres, et ne pas le forcer à manger s'il n'en éprouve pas le besoin. S'il est triste, abattu, on consultera le médecin.

Les vers. — Les *vers intestinaux* peuvent produire des désordres, mais ils sont loin d'être la cause de toutes les indispositions qu'on met sur leur compte. On arrivera facilement à les expulser avec une décoction de *semen-contra*, suivie d'un léger purgatif.

Pour les vers qui ont leur siège dans le gros intestin, il suffira d'avoir recours, plusieurs jours de suite, à des lavements d'eau froide que l'on pourra saler légèrement.

Diarrhée. — Les *diarrhées* qui atteignent les enfants élevés au sein sont généralement peu graves. Si l'enfant est nourri au biberon, la moindre impureté dans son lait peut en être la cause. On diminuera, dans ce cas, la quantité de lait, et on y ajoutera de l'eau bouillie. Si la diarrhée persistait, on consulterait le médecin.

Dans le cas de coliques provenant d'aliments indigestes, on s'efforcera de réchauffer le ventre et les pieds à l'aide de boules chaudes.

Convulsions. — Les *convulsions* constituent un accident qui exige les soins du médecin. En attendant, faire prendre au petit malade un peu d'eau fraîche sucrée, mêlée à une partie d'eau de fleurs d'oranger ; desserrer les vêtements qui peuvent le gêner et donner un demi-lavement à l'eau bouillie et sel.

Maladie des yeux. — Les courants d'air, les troubles de la dentition peuvent causer aux yeux des enfants une inflammation qui leur rend les paupières rouges et tuméfiées. Des lavages à l'eau bouillie, aussi chaude que possible, additionnée de quelques gouttes d'alcool, auront facilement raison de ce petit mal.

Maladie des oreilles. — La propreté la plus grande est nécessaire, si on veut éviter certaines inflammations douloureuses. Dans le cas où la douleur serait un peu vive, il suffira de donner quelques bains d'oreille avec une décoction de têtes de pavots, en ayant soin qu'elle soit aussi chaude que possible.

Hernies. — Les *hernies* sont fréquentes chez les enfants, soit qu'ils apportent ce mal en naissant, soit qu'ils le contractent en criant, ou qu'il résulte d'efforts faits dans le tout jeune âge.

Ces hernies se réduisent facilement, mais il faut avoir recours au médecin.

Accidents. — Au nombre des accidents auxquels sont

exposés les enfants, se trouvent les *coups* et les *bosses*. Il n'y a pas lieu de s'effrayer.

Si la plaie saigne, il faut la laver avec de l'eau bouillie qu'on laissera refroidir, et, pendant que l'on prépare un pansement sommaire, consoler et réconforter l'enfant. Si une bosse s'est formée, elle disparaîtra bien vite si la partie blessée peut être bandée et fortement serrée.

Pour les brûlures, on calmera très vite la douleur en étendant sur la partie brûlée une couche d'oléo-calcaire (mélange d'huile très pure et de chaux), dont il est recommandé d'avoir un flacon en réserve, que l'on recouvrira d'une légère couche d'ouate.

Pour renouveler le pansement, il suffit de mouiller d'oléo-calcaire l'ouate, sans l'enlever de la partie brûlée.

XI. — Quelques plantes médicinales.

Un certain nombre de plantes peuvent servir comme remèdes et rendre, dans bien des cas, de réels services.

Pour bien les conserver, leur cueillette devra se faire une fois la rosée dissipée, et avant que les fleurs soient complètement épanouies ; elles auront ainsi plus de parfum.

On les fera sécher sur une toile ou sur un papier un peu fort, dans un endroit sec, très aéré et sans soleil.

1° PLANTES ÉMOLLIENTES ET ADOUCISSANTES.

Au nombre des plantes qui calment les irritations et ramollissent les parties du corps sur lesquelles elles exercent leur action, on peut citer : la *bourrache*, le *bouillon blanc* ou *molène*, dont les fleurs sont employées en tisanes et les feuilles bouillies constituent d'excellents cataplasmes ; la *mauve*, la *pensée sauvage*, dite *violette des champs* ; la *ronce*, dont les jeunes tiges sont employées dans les maux de gorge, et le *chiendent*. On fait avec la racine de cette dernière plante, en la frappant un peu pour l'écraser, une tisane rafraîchissante.

2° PLANTES TONIQUES ET ASTRINGENTES

On comprend sous cette dénomination les plantes qui ont la propriété de fortifier et de resserrer les tissus. Deux d'entre elles sont tout particulièrement connues : la *gentiane*, dont les racines bien séchées au four, puis mises à macérer dans de l'eau ou du vin, constituent une préparation qui convient aux personnes délicates et se prend dans les cas de digestion pénible, et la *petite centaurée*. Cette dernière plante est surtout estimée comme fébrifuge ; elle est aussi très bonne pour combattre la faiblesse des organes digestifs.

3° PLANTES ANTISPASMODIQUES OU CALMANTES

On désigne ainsi les plantes employées contre les désordres nerveux.

Ce sont : l'*armoise*, dont on recueille les tiges et les feuilles pour les faire infuser dans l'eau bouillante ; le *tilleul*, les *feuilles d'oranger* et la *camomille*.

Les fleurs de vieux tilleuls sont préférables à celles de trop jeunes arbres.

On les récolte fin de juin et commencement de juillet, et on les fait sécher sur une toile à l'ombre. On prépare avec ces fleurs, à la dose de six à dix grammes par litre d'eau, des infusions calmantes qui agissent avec succès lorsque la digestion se fait mal, dans le cas de maux de tête et d'agacement des nerfs.

Les feuilles d'oranger, préparées en infusion, calment également les nerfs, les maux d'estomac, et disposent au sommeil.

La camomille est utilisée pour combattre les faiblesses d'estomac et les spasmes nerveux.

4° PLANTES DÉPURATIVES

Les tiges de la *douce-amère*, plante grimpante qui se rencontre dans les haies, employées en décoction, constituent une des meilleures tisanes dépuratives. Ses fruits ou *baies* sont vénéneux.

Les racines et feuilles de *pissenlit* et les feuilles de *chicorée sauvage* sont employées dans la médecine domestique, soit en tisane pour exciter les organes digestifs, soit comme dépuratif.

5° PLANTES SUDORIFIQUES

Les plantes qui jouissent de cette propriété peuvent rendre de réels services au début d'un refroidissement.

Parmi ces plantes figure le *sureau*, arbrisseau dont les fleurs, cueillies en pleine floraison et séchées, sont fréquemment employées en médecine.

Les fleurs de sureau, prises en forte infusion avant de se coucher, provoquent la transpiration, et, employées sous forme de décoction et en lotions, elles calment les démangeaisons et les irritations légères de la peau.

Pour obtenir cette décoction, on fait bouillir pendant une heure dans l'eau, on passe à travers un linge.

TABLE DES MATIÈRES

Plantes cultivées pour leurs feuilles.

Plantes cultivées pour leurs fruits et leurs graines.

Les fleurs et plantes d'ornement.

Les fleurs à la ferme.

QUATRIÈME PARTIE

LA FEMME A LA MAISON

Étude des différents aliments, leur préparation.

Légumes.

La viande de porc.

Accidents.

La fièvre.

Quelques remèdes.

Hygiène de l'enfant.

Quelques plantes médicinales.

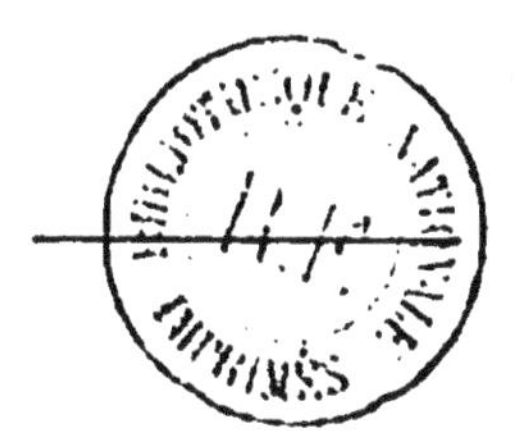

38075. — TOURS, IMPR. MAME